Zur Ontologie der Elementarteilchen

Thomas Christian Brückner

Zur Ontologie der Elementarteilchen

Eine philosophische Analyse der aktuellen Elementarteilchenphysik

PD Dr. rer. nat. Dr. phil. Thomas Christian Brückner
München, Deutschland

ISBN 978-3-658-09682-3 ISBN 978-3-658-09683-0 (eBook)
DOI 10.1007/978-3-658-09683-0

Die Deutsche Nationalbibliothek verzeichnet diese Publikation in der Deutschen Nationalbibliografie; detaillierte bibliografische Daten sind im Internet über http://dnb.d-nb.de abrufbar.

Springer Spektrum

Gedruckt auf säurefreiem und chlorfrei gebleichtem Papier

Springer Fachmedien Wiesbaden ist Teil der Fachverlagsgruppe Springer Science+Business Media
(www.springer.com)

Vorwort

Das vorliegende Buch ist eine überarbeitete Fassung meiner Habilitationsschrift, welche im Jahr 2012 von der Ludwigs-Maximilians-Universität in München als Habilitationsleistung angenommen wurde. Es wäre ohne die Hilfe vieler Personen nicht denkbar gewesen. Danken möchte ich daher insbesondere Herrn Prof. Dr. C. Ulises Moulines, auf dessen Vorschlag hin diese Arbeit durchgeführt wurde, für die exzellente Betreuung, die unermüdliche Diskussionsbereitschaft und schließlich für die freundschaftliche Ermunterung in allen Phasen. Danken möchte ich weiterhin meinen Mentoren Herrn PD Dr. Thomas Bonk, Herrn Prof Dr. Christof Rapp und Herrn Prof. Dr. Martin Faessler, die sich alle, auch wenn mitunter einem weit entfernten Forschungsgebiet angehörig, auf dieses interdisziplinäre Abenteuer eingelassen haben und damit eine ganzheitliche Sicht ermöglichten.

Danken möchte ich weiterhin meiner Familie, allen Kollegen und Freunden, die mich während der Zeit der Abfassung tatkräftig unterstützt haben. Ich widme diese Arbeit meinen Eltern Lilo und Carl Heinz Brückner.

München

Thomas Brückner

Inhaltsverzeichnis

1 Einleitung

1.1 Motivation

> ***ATLAS and CMS experiments present Higgs search status***
>
> *„13 December 2011. In a seminar held at CERN[1] today, the ATLAS[2] and CMS[3] experiments presented the status of their searches for the Standard Model Higgs boson. Their results are based on the analysis of considerably more data than those presented at the summer conferences, sufficient to make significant progress in the search for the Higgs boson, but not enough to make any conclusive*

[1]CERN, the European Organization for Nuclear Research, is the world's leading laboratory for particle physics. It has its headquarters in Geneva. At present, its Member States are Austria, Belgium, Bulgaria, the Czech Republic, Denmark, Finland, France, Germany, Greece, Hungary, Italy, the Netherlands, Norway, Poland, Portugal, Slovakia, Spain, Sweden, Switzerland and the United Kingdom. Romania is a candidate for accession. Israel is an Associate Member in the pre-stage to Membership. India, Japan, the Russian Federation, the United States of America, Turkey, the European Commission and UNESCO have Observer status.

[2]ATLAS is a particle physics experiment at the Large Hadron Collider at CERN. The ATLAS Collaboration is a virtual United Nations of 38 countries. The 3000 physicists come from more than 174 universities and laboratories and include 1000 students.

[3]The Compact Muon Solenoid (CMS) experiment is one of the largest international scientific collaborations in history, involving more than 3000 scientists, engineers, and students from 172 institutes in 40 countries.

statement on the existence or non-existence of the elusive Higgs. The main conclusion is that the Standard Model Higgs boson, if it exists, is most likely to have a mass constrained to the range 116-130 GeV by the ATLAS experiment, and 115-127 GeV by CMS. Tantalising hints have been seen by both experiments in this mass region, but these are not yet strong enough to claim a discovery".

Am 13.12.2011 fand eine vielbeachtete Pressekonferenz in der Europäischen Organisation für Kernforschung (CERN) statt, in welchem die jüngsten Forschungsergebnisse dieses Instituts vorgestellt wurden. Das obige Zitat stammt aus der entsprechenden Pressemitteilung[4]. Entgegen der allgemeinen Erwartung wurde in dieser Pressekonferenz nicht die Entdeckung eines neuen Elementarteilchens, des sog. *H*iggs-Bosons bestätigt. Es wurde jedoch in dieser Veranstaltung erläutert, dass nach Auffassung der beteiligten Forscherinnen und Forscher im Verlauf des Jahres mit hoher Wahrscheinlichkeit ein abschließendes Urteil darüber möglich sein wird, ob dieses Teilchen existiert oder nicht.

Das Higgs-Boson stellt einen wesentlichen Baustein im Rahmen des sogenannten Standardmodells der Elementarteilchenphysik dar, welches in einer beeindruckenden Kompaktheit die Ergebnisse der Elementarteilchenphysik der letzten Jahrzehnte zusammenfasst und zugleich im Mittelpunkt dieser Untersuchung steht. Das Standardmodell bildet aktuell den letzten Abschnitt in der Suche nach den kleinsten Bausteinen der Materie, welche mit den Arbeiten der Atomisten wie Demokrit ihren Anfang nahm.

Auf der Grundlage der Vorarbeiten von Stegmüller und Sneed in den 70er Jahren wurde die Methode der strukturalistischen Rekonstruktion erfolgreich auf eine Vielzahl von Theorien aus unterschiedlichen Forschungsgebieten angewendet und stellt daher bis heute einen der

[4]Pressemitteilung des CERN vom 13.12.2011.

einflussreichsten wissenschaftstheoretischen Ansätze dar. Ziel der vorliegenden Untersuchung ist es vor diesem Hintergrund zu prüfen, inwieweit mit den Werkzeugen des wissenschaftstheoretischen Strukturalismus auch für das Standardmodell der Elementarteilchenphysik eine Rekonstruktion und somit formale Analyse möglich ist. Im Anschluss an diese formale Rekonstruktion wird dann in einem zweiten Schritt skizziert, wie eine ontologische Charakterisierung der Elementarteilchen aussehen kann, die im Zentrum des Standardmodells stehen.

1.2 Gliederung

In Kapitel 2 werden die zentralen Ergebnisse des Standardmodells der Elementarteilchenphysik erläutert, welches eine Zusammenfassung der Ergebnisse der Elementarteilchenphysik der letzten Jahrzehnte darstellt. Es wird dabei aufgezeigt, wie im heutigen Bild der Teilchenphysik die gesamte Materie auf eine kleine Anzahl von Elementarteilchen zurückgeführt werden kann, zwischen denen es wiederum nur drei verschiedene Arten von Wechselwirkungen gibt. Die Aussagen des Standardmodells wurden bis zum heutigen Tag durch eine Vielzahl von Experimenten bestätigt.

In Kapitel 3 werden die Grundelemente sowie die Vorgehensweise der strukturalistischen Rekonstruktionen vorgestellt. Es wird dabei gezeigt, auf welche Weise in einer derartigen Rekonstruktion eine Theorie mit mengentheoretischen Werkzeugen dargestellt wird. In diesem Kapitel werden auch die Beziehungen zwischen verschiedenen Theorien erläutert.

Ausgehend von der Konzeption des logischen Empirismus stellte die Suche nach einer adäquaten Charakterisierung der theoretischen Terme über einen weiten Teil des vergangenen Jahrhunderts eine zentrale Thematik vieler Untersuchungen dar. Die wichtigsten Stationen werden in Kapitel 4 vorgestellt. Der Strukturalismus übernahm dabei die Definition von Sneed, wonach die Theoretizität eines Terms eine jeweils hinsichtlich einer konkreten Theorie relative Eigenschaft ist. Daher wird im Rahmen einer strukturalistischen Rekonstruktion für die jeweils untersuchte Theorie die Menge der theoretischen Terme bestimmt.

In Kapitel 5 erfolgt die konkrete Rekonstruktion des Standardmodells, wobei auf die Ergebnisse aus den vorangegangenen Kapitel zurückgegriffen wird. Wie dabei zu zeigen sein wird, lassen sich die verschiedenen Aspekte einer Rekonstruktion gut anwenden. Dies wird insbesondere bei der Analyse der *C*onstraints offenbar. Bei dieser Rekonstruktion stellt auch die Bestimmung der theoretischen Terme einen wichtigen Aspekt dar.

Als eine Konsequenz der Ergebnisse der Rekonstruktion dieser Theorie wird in Kapitel 6 der Versuch einer ontologischen Charakterisierung der Elementarteilchen sowie der aus ihnen zusammengesetzten Protonen und Neutronen unternommen. Die Elementarteilchen stellen vor dem Hintergrund der Ergebnisse insbesondere der Quantenphysik für einen derartigen Versuch eine beachtliche Herausforderung dar. Daher wird gezeigt, inwiefern sich für diese Art von Objekten eine Beschreibung im Rahmen der Tropentheorie anbieten kann.

2 Das Standardmodell der Elementarteilchenphysik

„Die ganze Physik kann so auf einer Seite DIN A4 zusammengefaßt werden. Diese enthält:
Die Tabelle 11.1 mit der Liste der Fermionen
Die Tabelle 1.2 mit der Liste der Wechselwirkungen
Die Einsteinsche Gleichung der Gravitation
Die Gleichung für die starke Wechselwirkung (QCD)
Die Gleichung für die elektroschwache Wechselwirkung
Außerdem benötigt man noch die folgenden Zahlen: [...]
Ist damit die Physik „fertig“? Nein. Warum 28 Zahlen? Lassen sich einige davon berechnen? Warum drei Generationen? Existiert das Higgs-Boson? Wie geht der Weg ins Innere der Materie weiter?“
[Lohrmann 1990], S. 147

2.1 Überblick

Wie das obige Zitat aus einem Klassiker der Elementarteilchenphysik verdeutlicht, erhebt das Standardmodell der Teilchenphysik den Anspruch, große Teile der modernen Physik in einer sehr kompakten Weise zusammen zu fassen. In diesem Kapitel sollen ausgehend von den Ergebnissen der klassischen Physik die zentralen Aussagen der aktuellen Elementarteilchenphysik dargestellt werden.

2.2 Von den Atomen zum Standardmodell

Ausgangspunkt für die Entwicklung der modernen Elementarteilchenphysik sind die Ergebnisse der klassischen Physik, die sich als eine Kombination der folgenden Theorien darstellen lassen:

1. Newtonsche Mechanik der Massenpunkte,
2. Elektromagnetische Kraft vom E- und B-Feld auf eine Ladung,
3. Maxwellsche Gleichungen für die Felder E und B,
4. spezielle Relativitätstheorie,
5. Gravitationskraft zwischen zwei Massen nach Newtons Gravitationsgesetz,

Weiterhin gehören hierzu die klassischen Anteile der folgenden Theorien:

1. Mechanik der starren und elastischen Körper,
2. Thermodynamik.

Diese Zusammenstellung von Theorien charakterisiert in etwa den Stand der Physik um 1900. Sie konnte einen Großteil der beobachteten Phänomene erklären, viele bekannte Phänomene wie z.B. der Photoeffekt standen jedoch in offenem Widerspruch zur klassischen Physik. Es sollte der Entwicklung der Quantenmechanik und darauf aufbauend der Formulierung der modernen Elementarteilchenphysik vorbehalten bleiben, im Einklang mit dem experimentellen Befund ein kohärentes Bild der modernen Physik zu formulieren, welches im Standardmodell der Elementarteilchenphysik gipfelt.

Seit den Schriften der vorsokratischen Naturphilosophen wird die Konzeption diskutiert, wonach die Materie aus kleinsten, unteilbaren

Tabelle 2.1: Überblick über einige der in den 80-er Jahren bekannten Teilchen [Bethge et al. 1991] mit den damals bekannten Werten. Aus heutiger Sicht sind einige der in diesem Werk angegebenen Werte veraltet. Die Tabelle enthält sowohl die elementaren Leptonen als auch die aus Quarks zusammengesetzten Mesonen und Baryonen (Massenangaben in (MeV/c^2) .

	Masse	q	S	P	I	I_3	B	L	s	c	b
	Leptonen										
e^-	0.511	-1	1/2				0	1	0	0	0
μ^-	105.66	-1	1/2				0	1	0	0	0
τ^-	1748.2	-1	1/2				0	1	0	0	0
ν_e	$\leq 46 \times 10^{-6}$	0	1/2				0	1	0	0	0
ν_μ	≤ 0.52	0	1/2				0	1	0	0	0
ν_τ	≤ 164	0	1/2				0	1	0	0	0
	Mesonen										
$\pi^\pm$	139.56	±1	0	$-$	1	±1	0	0	0	0	0
π^0	134.96	0	0	$-$	1	0	0	0	0	0	0
$K^\pm$	493.7	±1	0	$-$	1/2	$\pm1/2$	0	0	±1	0	0
K_S^0	497.6	0	0	$-$	1/2	$-1/2$	0	0	1	0	0
K_L^0	497.6	0	0	$-$	1/2	$-1/2$	0	0	1	0	0
η	548.8	0	0	$-$	0	0	0	0	0	0	0
$D^\pm$	1869.4	±1	0	$-$	1	1/2	0	0	0	0	0
D^0	1864.7	0	0	$-$	1/2	$-1/2$	0	0	0	±1	0
$F^\pm$	1971.0	±1	0	$-$	0	1/2	0	0	0	±1	0
$B^\pm$	5270.8	±1	0	$-$	1/2	$\pm1/2$	0	0	0	0	±1
B^0	5274.2	0	0	$-$	1/2		0	0	0	0	1
	Baryonen										
p	938.28	+1	1/2	+	1/2	+1/2	1	0	0	0	0
n	939.57	0	1/2	+	1/2	$-1/2$	1	0	0	0	0
Λ	1115.6	0	1/2	+	0	0	1	0	-1	0	0
Σ^+	1189.4	+1	1/2	+	1	+1	1	0	-1	0	0
Σ^0	1192.5	0	1/2	+	1	0	1	0	-1	0	0
Σ^-	1197.3	-1	1/2	+	1	-1	1	0	-1	0	0
Ξ^0	1314.9	0	1/2	+	1/2	$-1/2$	1	0	-2	0	0
Ξ^-	1321.3	-1	1/2	+	1/2	+1/2	1	0	-2	0	0
Ω^-	1672.45	-1	1/2	+	0	0	1	0	-3	0	0
Λ_c^+	2282.0	+1	1/2	+	0	0	1	0	0	+1	0

Partikeln besteht. Einer dieser Naturphilosophen, Demokrit, vertrat die Ansicht, dass es kleinste Teile der Materie, die sogenannten *A*tome, gäbe, die nicht mehr in kleinere Teile zerlegt werden können. Obwohl diese Konzeption seit ihrer ersten Formulierung mitunter heftig kritisiert wurde, stellt die Suche nach diesen Atomen seit langer Zeit ein wichtiges Unternehmen dar, da diese Atome die Beschreibung der gesamten Materie innerhalb des Rahmens einer einzigen Theorie ermöglichen. Die Formulierung des *S*tandardmodells stellt einen herausgehobenen Abschnitt innerhalb dieser Suche dar, möglicherweise den abschließenden.[1]

Zu Beginn des vergangenen Jahrhunderts wurde die Materie im Rahmen der Theorie von N. Bohr beschrieben als Kombination der negativ geladenen *E*lektronen, die den positiv geladenen Kern umkreisen, vergleichbar den Planeten auf ihrem Weg um die Sonne. Die Existenz der Elektronen wurde erstmals von J. J. Thomson experimentell nachgewiesen. Während das Elektron bis heute als Elementarteilchen ohne innere Struktur verstanden wird, konnte gezeigt werden, dass sich der Atomkern aus einer Vielzahl kleinerer Bestandteile zusammensetzt, den Protonen und Neutronen, die wiederum aus kleineren Bestandteilen bestehen. Nach der Theorie der *Q*uarks konstituieren sich sowohl Protonen als auch Mesonen aus derartigen Quarks, die neben den Elektronen eine weitere Gruppe von Elementarteilchen darstellen.

Mittlerweile konnte experimentell gezeigt werden, dass es eine beeindruckende Anzahl verschiedener Arten von Teilchen gibt.[2]. Angesichts dieses verwirrenden *T*eilchenzoos, der sich aus so verschiedenen Teilchen wie Elektronen, Myonen, Kaonen, Pionen auf der einen Seite, Gluonen und Photonen auf der anderen Seite zusammensetzt, erhob

[1] [Appenzeller 1990].

[2] Bis Ende der siebziger Jahre des vergangenen Jahrhunderts konnten einige Dutzend von Teilchenarten nachgewiesen werden, zusätzlich eine große Anzahl von instabilen Teilchen. Einen Überblick über einige der in den 80-er Jahren bekannten Arten von Teilchen findet sich in Tabelle 2.1.

sich zunehmend die Frage nach der Existenz eines möglichen Klassifikationssystems innerhalb der Vielzahl der Teilchenarten, vergleichbar dem Periodensystem der Elemente[3]

Hierin besteht die zentrale Bedeutung des Standardmodells:[4] Es erlaubt es, alle derzeit bekannten Teilchen im Rahmen eines einzigen Modells zu beschreiben. Im Rahmen der von *S*MEP vorausgesetzten Theorien wird die gesamte beobachtbare Materie auf wenige Arten von elementaren Bausteinen zurückgeführt. Kern von *S*MEP sind die wenigen Arten von Wechselwirkungen, die zwischen diesen Elementarteilchen bestehen.

Das *S*MEP wurde in den 60er und 70er Jahren des vergangenen Jahrhunderts entwickelt mit dem Ziel, exakt die Existenz und Aktivität der Elementarteilchen in der Teilchenphysik zu beschreiben.[5] Zwei Physiker, nämlich der Amerikaner S. Weinberg und der Pakistani A. Salam entwickelten die allgemeine Version des *S*MEP, basierend auf dem vorherigen Werk des Amerikaners S. Glashow über die elektromagnetische und die schwache Wechselwirkung (1967). Obwohl das Modell zu diesem Zeitpunkt weder umfassend noch vollständig war, erhielten die drei Physiker 1979 den Nobelpreis. Zu diesem Zeitpunkt war nur ein Teil der beschriebenen Partikel experimentell nachgewiesen worden. Schon bald nach der Ehrung 1979 wurden verschiedene Ergänzungen für das *S*MEP formuliert, um so eine noch umfassendere Theorie zu haben. Eine wichtige experimentelle Bestätigung der Aussagen von *S*MEP stellte 1983 die Entdeckung des W- und des Z-Bosons

[3] [Nachtmann 1994], [Close et al. 1989], [Perkins 2000].

[4] An dieser Stelle sei angemerkt, dass entsprechend der üblichen Praxis unter Naturwissenschaftlern, der Terminus 'Standardmodell', der vielfach in physikalischen Lehrbüchern verwendet wird, kein *M*odell im exakten Sinn der Logik und der Wissenschaftstheorie bezeichnet, sondern eine Theorie mit einem ähnlichen Status wie andere physikalische Theorien. Im weiteren Verlauf wird hier diese Theorie als *S*tandardmodell der Elementarteilchenphysik bezeichnet, abgekürzt als *S*MEP.

[5] [Cottingham et al. 1998], [Brown et al. 1997], [Perkins 2000].

Tabelle 2.2: Die elementaren Fermionen des Standardmodells. Es werden jeweils Name, Äquivalenzklasse bezüglich der Äquivalenzrelation $\sim$ sowie die zuletzt gemessenen Werte von Masse, Ladung und Spin aufgeführt [Lohrmann 2001]. Die Äquivalenzrelation $\sim$ wird in Abschnitt 5.2.1 eingehend erläutert. Für jedes dieser 24 Teilchen existiert jeweils ein entsprechendes Anti-Teilchen. Jedes der 6 Quarks existiert mit den 3 *F*arbladungen *R*ot, *G*rün und *B*lau.

Teilchen	Klasse hinsichtlich $\sim$	Masse (mc^2)	Ladung	Spin
$u - Quark$	$P_1 - P_3$	$6\ MeV$	2/3	1/2
$c - Quark$	$P_4 - P_6$	$1,5\ GeV$	2/3	1/2
$t - Quark$	$P_7 - P_9$	$174\ GeV$	2/3	1/2
$d - Quark$	$P_{10} - P_{12}$	$10\ MeV$	-1/3	1/2
$s - Quark$	$P_{13} - P_{15}$	$150\ MeV$	-1/3	1/2
$b - Quark$	$P_{16} - P_{18}$	$4,2\ GeV$	-1/3	1/2
e^-	P_{19}	$0,511\ MeV$	-1	1/2
μ	P_{20}	$105,7\ MeV$	-1	1/2
τ^-	P_{21}	$1.777\ MeV$	-1	1/2
ν_e	P_{22}	$< 2,2\ eV$	0	1/2
ν_μ	P_{23}	$< 0,17\ MeV$	0	1/2
ν_τ	P_{24}	$< 18\ MeV$	0	1/2

durch den Italiener C. Rubbia dar. Auch heute noch suchen Forscher nach weiteren Teilchen, die bislang nicht experimentell nachgewiesen wurden. Sie hoffen, auf diese Weise das *S*MEP zu vervollständigen.

2.3 Elementarteilchen

Kommen wir zur Klassifikation der Elementarteilchen. Diese werden unter der Bezeichnung *F*ermionen (*F*) zusammen gefasst.[6] Gemäß dem *S*MEP stellt jeder Materieteil eine Zusammensetzung verschiedener Arten von Fermionen dar.

Die Materie ist nach heutigem Verständnis aus Atomen zusammen gesetzt, die - entgegen ihrem Namen - in kleinere Bestandteile aufgeteilt werden können. Die Atome setzen sich konkret aus Elektronen und dem Atomkern zusammen. Das Elektron ist nach aktueller Auffassung ein Elementarteilchen, weil bei Untersuchungen bis zu einer Auflösung von 10^{-16} keine innere Struktur festgestellt werden konnte. Wie weitere Untersuchungen zeigten, setzt sich der Atomkern aus Protonen und Neutronen zusammen. Protonen und Neutronen besitzen eine Ausdehnung von etwa 10^{-13} cm. Auch diese Teilchen sind wiederum keine Elementarteilchen, da sie eine komplexe Struktur haben, wie bereits ihr anomales magnetisches Moment zeigt. Neutron und Proton weisen jeweils einen Spin 1/2 auf. Folgt man dem naiven Quarkmodell von Gell-Mann, so müssen auch ihre Bausteine Spin 1/2 haben. Bei einem anderen Wert des Spins lässt sich nämlich ein Teilchen mit dem Wert 1/2 (Neutron bzw. Proton) aus den Bausteinen nicht erzeugen. Die Zahl dieser Bausteine darf also nicht gerade sein. Ein einfacher Weg besteht darin, Proton und Neutron je aus drei elementaren Bausteinen zu konstituieren, die man *Q*uarks nennt. Die Quarks weisen eine innere Eigenschaft auf, die als *F*arbladung bezeichnet wird. Die Farbladung kann drei Werte annehmen, die als

[6] Der Name *F*ermionen verweist auf die für diese Teilchen relevante Statistik. Das *P*auli-Prinzip postuliert, dass zwei Fermionen sich in jedem Fall mindestens hinsichtlich eines Freiheitsgrades unterscheiden müssen, zum Beispiel der Ladung. Alle Teilchen, für die das Pauli-Prinzip Gültigkeit hat, werden als Fermionen bezeichnet, da die für diese Teilchen maßgebliche Statistik die Fermi-Statistik ist.

rot, grün und blau bezeichnet werden. Alle beobachtbaren Teilchen, somit auch Proton und Neutron, müssen farbneutral sein. Dies wird dadurch gewährleistet, dass sich die Farbladungen der drei Quarks, die ein Proton bzw. Neutron bilden, gegenseitig neutralisieren.

Wie in Tabelle 2.2 dargestellt wird, gibt es insgesamt 6 verschiedene Arten von Quarks (u, c, t, d, s und b). Das Neutron setzt sich z.B. aus einem u- Quark und zwei d-Quarks zusammen ($u$dd), das Proton aus zwei u-Quarks und einem d-Quark ($u$ud). Die u-Quarks können in d-Quarks und d-Quarks in u-Quarks übergehen. Dies ist notwendige Voraussetzung dafür, dass Protonen und Neutronen ineinander umgewandelt werden können.

Die Existenz der Quarks wurde unabhängig voneinander von Murray Gell-Mann und von George Zweig postuliert. Diese Konzeption erregte zu Beginn vielfach Widerspruch. Aufgrund einer Vielzahl von experimentellen Bestätigungen - spätestens seit der Entdeckung der letzten Sorte, des t-Quarks - wird dieses Modell jedoch inzwischen uneingeschränkt akzeptiert.

Eine weitere Gruppe von Elementarteilchen stellen die Neutrinos dar. Ein Neutrino entsteht unter anderem beim β-Zerfall von Kernen. Ein einfaches Beispiel hierfür ist der Zerfall des Neutrons:

$$Neutron \rightarrow Proton + Elektron + Neutrino. \tag{2.1}$$

Da das Neutrino in diesem Beispiel zusammen mit einem Elektron auftritt, wird es als Antielektron-Neutrino bezeichnet. Neutrinos haben den Spin 1/2. Ursprünglich ging man davon aus, dass sie masselos sind. Inzwischen ordnet man ihnen eine geringe Masse zu. Neutrinos erzeugen bei Stößen mit Protonen unter hohen Energien neben anderen Teilchen auch Pionen, die nachgewiesen werden können. Dies stellt eine Möglichkeit dar, die Existenz der Neutrinos zu beweisen.

Fasst man die bisherigen Erläuterungen zusammen, so werden die elementaren Fermionen unterteilt (siehe Tabelle 2.2) in die 6 Lep-

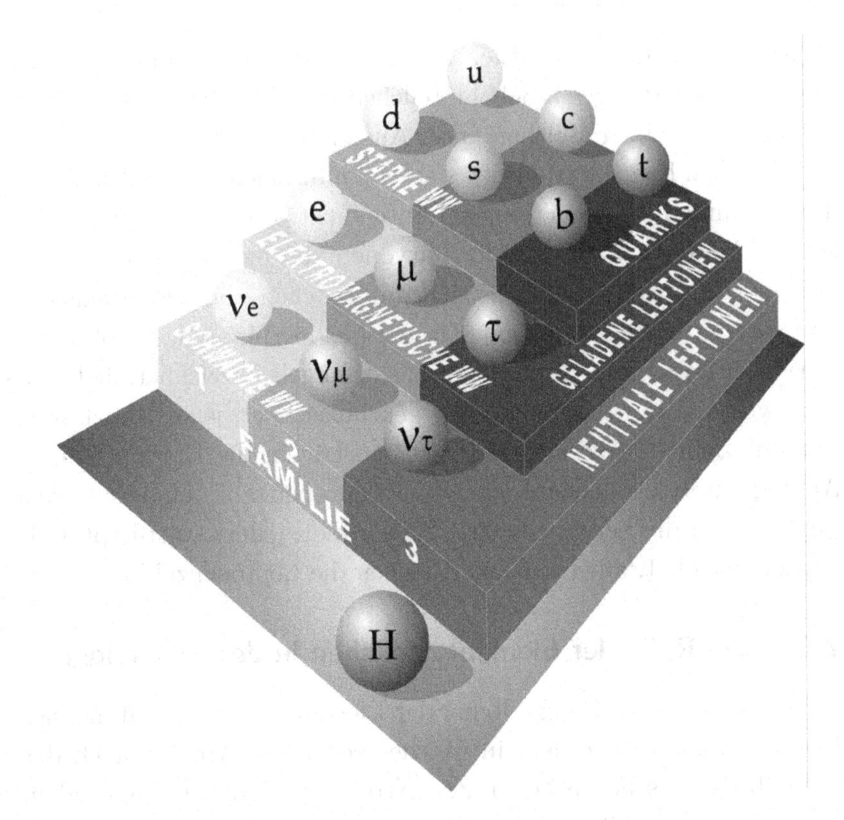

Abbildung 2.1: Die 3 Familien der Leptonen. Quelle: DESY

tonen L[7] sowie die 6 Quarks Q. Konkret setzt sich die Menge der Leptonen zusammen aus den nahezu masselosen Neutrinos ν_e, ν_μ und ν_τ, dem Elektron e^-, dem Myon μ, dem Tauon τ^- sowie den 6 Quarks u, c, t, d, s und b. Üblicherweise werden die genannten Elementarteilchen in 3 *F*amilien unterteilt.[8] Für jede dieser Arten existiert sowohl ein Teilchen als ein Antiteilchen, zum Beispiel Elektronen und Positronen. Jedes Antiteilchen weist exakt die gleichen Eigenschaften wie das zugehörige Teilchen auf mit Ausnahme der

[7]Der Name *L*epton bedeutet leichtes Teilchen.

[8]Siehe hierzu Abbildung 2.1.

elektrischen Ladung (das Elektron weist z. B. die Ladung - auf, das Positron die Ladung +). Sobald Teilchen und Antiteilchen kollidieren, zerfallen die beiden Teilchen unter Aussendung von Strahlung.

Neben den Elementarteilchen werden im Rahmen von *S*MEP ebenso die zusammengesetzten Teilchen untersucht. Im Rahmen der vorliegenden Untersuchung sind die *B*aryonen von besonderem Interesse. Bei den Baryonen handelt es sich um Teilchen, die aus jeweils drei Quarks zusammengesetzt sind. Ein Beispiel hierfür ist das Proton. Die Baryonen werden durch eine *B*aryonenzahl gekennzeichnet. Jedes Baryon wird mit der Baryonenzahl 1 gekennzeichnet, jedes Anti-Baryon mit der Zahl -1, alle anderen Teilchen tragen die Baryonenzahl 0. Analog zur Baryonenzahl wird eine *L*eptonenzahl definiert. Jedem Lepton wird die Leptonenzahl 1 zugeordnet, jedem Anti-Lepton die Leptonenzahl -1, allen anderen Teilchen die Leptonenzahl 0.

2.3.1 Die Rolle der Elementarteilchen in der Kosmologie

Zum Abschluss der Beschreibung der Elementarteilchen soll in einem Überblick gezeigt werden, in welcher zeitlichen Abfolge nach dem Urknall die uns heute bekannten Arten von Teilchen entstanden.[9] Aus diesem Überblick ergibt sich, dass die verschiedenen Arten von Elementarteilchen keineswegs zugleich entstanden:

1. Das Alter des Universums beträgt nach heutiger Erkenntnis $13,2 \pm 0,2$ Mrd. Jahre.
2. Ab einer Zeit von $t > 10^{-33}$ *sec.* nach dem Urknall beginnt bei Temperaturen von ca. $T = 10^{25}$ *K* die Bildung von Materie (**Plasma-Ära**) . Zu diesem Zeitpunkt liegen Quarks und die anderen Arten von Leptonen mit ihren jeweiligen Antiteilchen sowie alle heute bekannten Arten von Bosonen in einem Plasma vor. Es kommt zu

[9] Für die folgenden Erläuterungen vgl. [Allday 1999].

Bildung von Quarks und Anti-Quarks. Aufgrund der hohen Temperaturen können sich noch keine stabilen Protonen bzw. Neutronen bilden.

3. **H**adronen-Ära. Die Quarks vereinigen sich nun zu Hadronen. Aufgrund des Zerfalls von schweren Hadronen bleiben nur Protonen und Neutronen übrig. Durch ständige Umwandlung von Protonen und Neutronen ineinander entstehen u.a. Neutrinos. $t > 10^{-6}$ *sec.*, $T = 10^{13}$ K.

4. **L**eptonen-Ära. Die meisten Protonen und Neutronen wurden durch Stöße mit ihren Antiteilchen vernichtet, bis auf einen kleinen Rest infolge der Asymmetrie von Materie und Anti-Materie. Es bilden sich in dieser Phase vorwiegend Leptonen-Paare wie Elektron und Positron. $t > 10^{-4}$ *sec.*, $T = 10^{12}$ K.

5. **E**nde der Leptonen-Ära. Elektronen und Positronen vernichten sich bis auf einen kleinen Rest (1 Milliardstel). Somit ist die Bildung der Bausteine der Materie abgeschlossen. $t > 1$ *sec.*, $T = 10^{10}$ K.

6. **B**eginn der Nukleosynthese. Protonen und Neutronen bilden erste Atome (primordiale Nukleosynthese). Dabei bildeten sich 25 % Helium-4 ($_4$He) und 0,001 % Deuterium sowie Spuren von Helium-3 (3He), Lithium und Beryllium. Die restlichen 75 % stellten Protonen, die späteren Wasserstoffatomkerne dar. Überzählige freie Neutronen zerfallen in Elektronen und Protonen. $t > 10$ *sec.*, $T = 10^9$ K.

7. Atomkerne und Elektronen bilden nunmehr stabile Atome. $t >$ 400.000 $J.$, $T = 3.000$ K.

8. In den Sternen entstehen nun durch Kernfusion alle schwereren Elemente bis hin zum Eisen. Die schwereren Sterne explodierten bereits nach wenigen Millionen Jahren als Supernova. Während

der Explosion wurden durch Neutroneneinfang Elemente schwerer als Eisen gebildet und gelangten in den interstellaren Raum. $t > 1.000.000\ J$.

In Abschnitt 6 wird untersucht, inwieweit man in der modernen Elementarteilchenphysik angesichts der Entstehungsgeschichte von dauerhaft stabilen Teilchen sprechen kann.

2.4 Wechselwirkungen und Ladungen

Neben den Elementarteilchen stellen deren Wechselwirkungen die zweite Komponente des SMEP dar, um eine vollständige Theorie der Elementarteilchen formulieren zu können.[10] Gemäß dem SMEP existieren 3 Wechselwirkungen zwischen den Fermionen: Die starke Wechselwirkung WW_s, die zwischen Quarks ausgeübt wird, die schwache Wechselwirkung WW_w, die für eine Vielzahl verschiedener Arten von Zerfällen verantwortlich ist, und die bekannte elektromagnetische Wechselwirkung WW_e (siehe Tabelle 2.3). Die vierte Wechselwirkung, die Gravitation, wird im Rahmen des SMEP nicht berücksichtigt.[11] Jede Wechselwirkung wird verursacht durch den Austausch von einem oder mehreren Arten der sogenannten *B*osonen B (siehe Tabelle 2.4).[12] Gemäß *S*MEP können alle Wechselwirkungen durch den Austausch solcher Bosonen beschrieben werden. So ist das Photon das Austauschteilchen für die elektromagnetische Wechselwirkung WW_e, die starke Wechselwirkung WW_s wird ermöglicht durch den Austausch von 8 Arten von Gluonen; die drei *V*ektorbosonen W^+, W^- und Z stellen die Austauschteilchen der schwachen Wechselwirkung WW_w dar.

[10] [Barger et al. 1997], [Close 1979], [Halzen et al. 1984], [Kane 1993].

[11] In der Elementarteilchenphysik werden die elektromagnetische und die schwache Wechselwirkung üblicherweise zu einer einzigen Wechselwirkung zusammengefasst, der sog. elektroschwachen Wechselwirkung.

[12] Im Gegensatz zu den Fermionen, wird das Pauli-Prinzip nicht auf die Bosonen angewendet, siehe Anmerkung 6.

Unter dem Einfluss einer Wechselwirkung kann ein Teilchen seinen Impuls oder die Richtung seiner Bewegung ändern. Teilchen können sich dabei aber auch verwandeln oder zerfallen. Es ist deshalb sinnvoll, allgemein von Wechselwirkungen statt von Kräften zu reden.

2.4.1 Die elektromagnetische Wechselwirkung

Die elektromagnetische Wechselwirkung WW_e vermittelt eine Anziehung oder Abstoßung zwischen elektrisch geladenen Teilchen. Austauschteilchen sind die Photonen γ .

Die elektromagnetische Wechselwirkung ist die am besten bekannte Wechselwirkung zwischen geladenen Teilchen. Sie ermöglicht den Aufbau von Atomen und Molekülen. Die Wechselwirkung zwischen geladenen Teilchen erfolgt durch den Austausch der Quanten des elektromagnetischen Feldes, der Photonen. In der klassischen Physik ist es nicht möglich, die Gesetze der Elektrodynamik zu begründen. In einer quantenphysikalischen Beschreibung ist dies hingegen möglich. In dieser Beschreibung kann die Form der elektromagnetischen Wechselwirkung hergeleitet werden, indem eine Symmetrie der Gleichungen unter einer beliebigen Änderung der Phase der Wellenfunktion postuliert wird. Symmetrie bedeutet dann, dass sich keine messbare Veränderung unter einer solchen Änderung ergibt. Dies kann erreicht werden, indem die Dirac-Gleichung, welche die freien Teilchen beschreibt, durch einen Term ergänzt wird. Dieser Zusatzterm beschreibt dann die elektromagnetische Wechselwirkung.

Auf diese Weise wird die Form der elektromagnetischen Wechselwirkung auf eine Symmetrieeigenschaft zurückgeführt. Man bezeichnet diese Symmetrie als Eichsymmetrie. Formal kann man sie durch Anwendung der Elemente der Gruppe $U1$ (Gruppe der unitären Matrizen mit Dimension eins) auf die Wellenfunktion der elementaren Teilchen mit Spin 1/2 beschreiben, wobei die Gruppenelemente von $U1$ beliebige Funktionen der Raumzeitkoordinaten sein können.[13]

In einer ähnlichen Weise kann auch die physikalische Beschreibung der starken und der schwachen Wechselwirkung auf eine Eichsymmetrie zurückgeführt werden. Die Einzelheiten der Beschreibung sind bei jeder Wechselwirkung andere. Im Fall der starken Wechselwirkung werden die elektrischen Ladungen durch die Farbladungen der Quarks ersetzt. Die Eichgruppe $SU3$ ist dabei die Gruppe der unitären 3×3 Matrizen mit Determinante eins.

2.4.2 Die starke Wechselwirkung

Die starke Wechselwirkung WW_s vermittelt eine Kopplung zwischen den Quarks. Austauschteilchen sind die 8 Gluonen:
$r\overline{g}$, $r\overline{b}$, $g\overline{r}$, $g\overline{b}$, $b\overline{r}$, $b\overline{g}$, $\frac{1}{\sqrt{2}}(r\overline{r} - g\overline{g})$, $\frac{1}{\sqrt{6}}(r\overline{r} + g\overline{g} - 2b\overline{b})$.

Ein Nukleon (z.B. Proton) enthält neben den Valenzquarks Gluonen, die in Quarks-Antiquarks-Paare (Seequarks) und Gluonen zerfallen können.

Die Gluonen tragen jeweils selbst eine Farbladung (jedes Gluon hat einen Farb-Antifarb-Index), daher können sie eine starke Wechselwirkung aufeinander ausüben. Im Gegensatz dazu tragen die Photonen keine elektrische Ladung. Diese Selbstwechselwirkung der Gluonen aufeinander ermöglicht die Entstehung der *G*lueballs, deren Existenz zwar vermutet wird, aber bislang noch nicht bestätigt werden konnte. Die starke Wechselwirkung verdankt ihren Namen der großen Stärke. Aufgrund dieser Stärke ist es unmöglich, ein Quark aus einem Neutron heraus zu lösen. Die starken Wechselwirkungen der in Baryonen gebundenen Quarks kompensieren sich nach außen hin, so dass diese Baryonen farbneutral sind. Die starke Wechselwirkung kann daher bei einem Baryon nur aufgrund von Polarisationseffekten beobachtet werden, sie wird dann als Kernkraft bezeichnet.

---

[13] [Lohrmann 2001].

2.4.3 Die schwache Wechselwirkung

Die schwache Wechselwirkung WW_w hat die folgenden Eigenheiten:

1. Die schwache Wechselwirkung kann nicht nur eine Anziehung oder Abstoßung der beteiligten Teilchen vermitteln, sondern auch eine Umwandlung.

2. Die verantwortlichen Bosonen sind Z, W^+, W^-.

3. bei den leptonischen Prozessen sind nur Leptonen beteiligt.
   $L \to \nu_L + L' + \overline{\nu}_{L'}$,
   z.B. $\tau^- \to \nu_\tau + e^- + \overline{\nu}_e$, oder
   $\tau^- \to \nu_\tau + \mu^- + \overline{\nu}_\mu$.

4. Bei den semileptonischen Prozessen sind Leptonen und Quarks beteiligt.
   $q_1 + \overline{q}_2 \to L + \overline{\nu}_L$,
   z. B. Beta -Zerfall des Neutrons $n \to p + e^- + \overline{\nu}_e$.

5. Bei den hadronischen Prozessen sind nur Quarks beteiligt.
   $q_1 + \overline{q}_2 \to q_3 + \overline{q}_4$,
   z. B. $K^+ \to \pi^+ + \pi^0$.

Trotz der geringen Stärke ist die schwache Wechselwirkung von großer Bedeutung, da sie die Umwandlung von Teilchen und so unter anderem die Energieproduktion in der Sonne ermöglicht. Analog zur elektromagnetischen sowie zur starken Wechselwirkung lässt sich die Form wieder auf eine Eichsymmetrie zurückführen, die Eichgruppe ist dabei SU2. Die drei Feldquanten der schwachen Wechselwirkung sind $\mathbf{Z}, W^+, W^-$. Die W-Bosonen tragen die Ladung +1 und -1. Unter anderem beruht der β-Zerfall auf dem Austausch dieser Bosonen.

Aus einer eingehenden Untersuchung der schwachen Wechselwirkung erhält man das Resultat, dass nicht nur die Invarianz unter der

Gruppe $SU2$, sondern unter der Produktgruppe $U1 \times SU2$ untersucht werden muss. Somit werden elektromagnetische und schwache Wechselwirkung zusammen betrachtet. Die zwei elektrisch neutralen Feldquanten dieser Produktgruppe treten nicht direkt in Erscheinung, sondern als ihre zwei quantenmechanischen Linearkombinationen, welche mit dem Photon und dem Z-Boson identifiziert werden. Die Linearkombination wird dabei durch einen Mischungswinkel charakterisiert, den so genannten Weinberg-Winkel θ_W,[14] der aus Daten hochenergetischer Neutrinoreaktionen bestimmt werden kann. Wie im Fall der starken Wechselwirkung können auch die Feldquanten W und Z eine Wechselwirkung aufeinander ausüben.

2.4.4 Ladungen

Es besteht eine wichtige Verknüpfung zwischen den Wechselwirkungen und den Ladungen. Die einzelnen Teilchen können nur dann eine Wechselwirkung aufeinander ausüben, wenn sie die entsprechende Ladung aufweisen. So können zum Beispiel nur solche Teilchen mit einer elektrischen Ladung verschieden von 0 wie Elektronen und Protonen eine elektromagnetische Wechselwirkung aufweisen.

[14] Der elektroschwache Mischungswinkel (Weinbergwinkel) beschreibt das Verhältnis der Massen von W- und Z-Bosonen:

$$\frac{M_W}{M_Z} = cos\ \theta_W.$$

Mit dem Weinbergwinkel lässt sich zudem das Verhältnis von elektrischer und schwacher Ladung beschreiben:

$$e = g\ sin\ \theta_W.$$

Für den Wert des Weinbergwinkels erhält man dabei:

$$\theta_W \approx 28,74°.$$

Tabelle 2.3: Die Wechselwirkungen des Standardmodells. Es werden jeweils Art der Wechselwirkung und wechselwirkende Teilchen aufgeführt. Im Fall der Starken als auch der Schwachen Wechselwirkung kann eine Wechselwirkung zwischen 3 oder 4 Bosonen beobachtet werden. Dies kann auf die Farbladung der Bosonen zurückgeführt werden.
Alle beobachtbaren Wechselwirkungen erweisen sich als unterschiedliche Manifestationen dieser 7 grundlegenden Wechselwirkungen.

Wechselwirkung		wechselwirkende Teilchen
WW_s^1	Starke WW	1 Gluon, 2 Fermionen
WW_s^2	Starke WW	3 Gluonen
WW_s^3	Starke WW	4 Gluonen
WW_w^1	Schwache WW	1 Vektorboson, 2 Fermionen
WW_w^2	Schwache WW	3 Vektorbosonen
WW_w^3	Schwache WW	4 Vektorbosonen
WW_e	Elektromagnetische WW	1 Photon, 2 Fermionen

Im Rahmen von SMEP werden weitere Ladungen beschrieben, nämlich Farbladung und Hyperladung. Ebenso wie die elektrische Ladung für die elektromagnetische Wechselwirkung ist das Vorliegen einer Ladung Farbladung Voraussetzung für die starke Wechselwirkung, das Vorliegen einer Hyperladung Voraussetzung für die schwache Wechselwirkung.

Die Ladung Farbe hat nichts gemeinsam mit den optischen Farben und kann auch nicht empirisch beobachtet werden. Der Name 'Farbladung' wurde gewählt, weil eine Kombination der drei möglichen 'Farbladungen' Rot, Grün und Blau farbneutral ist, analog einer Kombination der elektrischen Ladungen + und -, die die elektrische Ladung 0 aufweist . Die Farbladung kann die Werte Rot, Grün und Blau annehmen, sowie Anti-Rot, Anti-Grün und Anti-Blau. Die Anti-Farbladungen werden jeweils durch einen Strich gekennzeichnet.

Die Farbladung W kennzeichnet ein Teilchen ohne Farbe. Teilchen ohne Farbladung können keine starke Wechselwirkung aufeinander ausüben.[15]

Abgesehen von möglichen Polarisationseffekten sind die Quarks die einzigen Fermionen, die eine *F*arbladung verschieden von W aufweisen. Alle freien Teilchen, die sich aus mehreren Quarks zusammensetzen, müssen farbneutral sein. Daher kann eine Farbladung nur einem einzelnen Quark zugeordnet werden. Jedes Quark der Tabelle 2.2 existiert in drei verschiedenen Farbladungen sowie als Teilchen und Anti-Teilchen.

Im Hinblick auf die Farbladung stellen die Gluonen eine Ausnahme dar. Gluonen weisen eine Farbladung auf, die sich aus einer Farbe und einer Anti-Farbe zusammensetzt. Im Rahmen von SMEP sind die Gluonen die einzigen Teilchen mit einer derart kombinierten Farbladung. Aus diesem Grund gibt es 8 verschiedenen Arten von Gluonen (siehe Tabelle 2.4).

Neben elektrischer Ladung und der Farbladung ist die schwache Hyperladung Y die dritte Ladung, die in *S*MEP beschrieben wird. Die schwache Hyperladung ist die Voraussetzung für die schwache Wechselwirkung.[16]

Die Quarks weisen zusätzlich einen Freiheitsgrad *F*lavour auf. Analog zur Farbladung ist der Name *F*lavour lediglich eine Konvention, er kann die 6 Werte *u*p, charme, top, down, strange und *b*ottom

[15] Wenn sich zwei Teilchen vereinigen, von denen eines eine *F*arbladung und das andere eine *A*nti-Farbladung (zum Beispiel Grün und Anti-Grün) aufweisen, so ist das resultierende Teilchen farbneutral. Dies wird angezeigt durch die *F*arbe W.

[16] Die schwache Hyperladung ist mit der elektrischen Ladung Q eines Teilchens sowie der 3. Komponente des schwachen Isospins I_3 durch die Gell-Mann-Nishijima-Relation auf folgende Weise verknüpft:

$$Y = 2Q - 2I_3.$$

sowie *a*nti-up, anti-charme, anti-top, anti-down, anti-strange und *a*nti-bottom annehmen. Die *A*nti-Flavours werden durch einen horizontalen Strich gekennzeichnet. *F*lavour *N* kennzeichnet ein *F*lavour-neutrales Teilchen. Wenn sich zwei Teilchen vereinigen, die jeweils einen Freiheitsgrad *F*lavour sowie den entsprechenden Freiheitsgrad *A*nti-Flavour aufweisen (so zum Beispiel *u*p und *A*nti-up), so ist das resultierende Teilchen *F*lavour-neutral. Dies wird gekennzeichnet durch den *F*lavour N. Alle Teilchen, die sich aus mehreren Quarks zusammensetzen, sind *F*lavour-neutral.

Tabelle 2.3 gibt eine Übersicht über die Wechselwirkungen und ihre Feldquanten. In der Tabelle ist eine aus dem täglichen Leben sehr vertraute Kraft nicht aufgeführt, die Gravitation. In der Elementarteilchenphysik spielt sie aber wegen ihrer Schwäche keine Rolle, wenigstens bei Energien unterhalb der sehr großen Planck-Masse.

Es ist sehr wichtig festzuhalten, dass jede andere beobachtbare Wechselwirkung (so z.B. die sogenannte Van-der-Waals-Wechselwirkung)[17] lediglich eine abgewandelte Manifestation einer dieser drei Wechselwirkungen ist. Dies bedeutet im Fall der Van-der-Waals-Wechselwirkung, dass diese zwischen elektrisch neutralen Teilchen beobachtet werden kann. Aufgrund einer Polarisation (somit einer inhomogenen Verteilung von Ladung in einem Teilchen) in den wechselwirkenden Teilchen, stellt die Van-der-Waals-Wechselwirkung in Wirklichkeit eine elektromagnetische Wechselwirkung WW_e dar. Das gleiche gilt für alle anderen Wechselwirkungen, die sich jeweils als Manifestationen der drei Wechselwirkungen WW_s, WW_w und WW_e erweisen, die jeweils durch eine Polarisation der elektrischen Ladung, der *F*arbladung oder der *H*yperladung ermöglicht werden

[17]Die sog. *V*an-der-Waals-Wechselwirkung besteht zwischen elektrisch neutralen Teilchen, sofern diese trotz ihrer Neutralität eine Polarisierung der Ladungen aufweisen, so dass trotzdem eine elektromagnetische Anziehung möglich ist. Hierzu [Latscha et al. 2011], S. 116 ff.

Tabelle 2.4: Die Bosonen des Standardmodells. Es werden jeweils Name, Äquivalenzklasse hinsichtlich der Äquivalenzrelation $\sim$ sowie die aktuell bekannten Werte für Masse, Ladung und Spin aufgeführt [Lohrmann 2001]. Die Äquivalenzrelation $\sim$ wird in Abschnitt 5.2.1 eingehend erläutert
Die Teilchen W^+, W^- und Z werden als *i*ntermediäre Vektorbosonen bezeichnet. Der Name 'Vektorboson' beruht auf der Tatsache, dass der Spin dieses Bosons den Wert 1 hat. Es existieren 8 verschiedene Arten von Gluonen, die durch ihr jeweils spezifisches Paar von Farbladungen charakterisiert werden.
Innerhalb des Rahmens von SMEP ist das *H*iggs-Boson das einzige Teilchen, dessen Existenz zwar aus theoretischen Gründen postuliert, aber noch nicht experimentell nachgewiesen wurde. Die Bandbreite, innerhalb deren dieses Teilchen wahrscheinlich liegen muss, sofern es existiert, ist jedoch bekannt. Die Existenz des Higgs-Bosons wird es aus theoretischen Gründen postuliert, um einigen der Elementarteilchen eine Masse ungleich 0 zuordnen zu können.

Teilchen	Klasse hinsichtlich $\sim$	Masse (mc^2)	Ladung	Spin
g	$P_{25} - P_{32}$	0	0	1
W^+	P_{33}	$80,42\ MeV$	1	1
W^-	P_{34}	$80,42\ MeV$	-1	1
Z	P_{35}	$91,19\ MeV$	0	1
γ	P_{36}	0	0	1
$Higgs$	P_{37}	?	?	0

Vom Standpunkt der modernen Physik aus stellt auch die Menge der physikalischen Konstanten (z.B. die Lichtgeschwindigkeit oder die Elektronenmasse) einen wichtigen Bestandteil von *S*MEP dar. Auch wenn z.B. die Abhängigkeit der Stärke der Wechselwirkungen von diesen Konstanten im Rahmen dieser Rekonstruktion nicht berücksichtigt wird, muss diese Menge der Konstanten gleichwohl erwähnt werden. Eine explizite Erläuterung der Konstanten in *S*MEP erfolgt in Abschnitt 2.7.2.

2.5 Suche nach einem Ordnungssystem

2.5.1 Der Isospin

In den 1950er bzw. 60er Jahren verstärkte sich allgemein der Wunsch, systematische Ordnung in den Teilchenzoo zu bringen, analog der Anordnung der Elemente im Periodensystem. Eine mögliche Klassifizierung besteht in der Einordnung der verschiedenen bekannten Teilchen in Multipletts. als Beispiel sind hier die Multipletts Oktett und Dekuplett der Baryonen abgebildet. Hierbei werden verschiedene Teilchen nach bestimmten Symmetrieeigenschaften zusammengefasst. Dahinter steht der physikalische Befund, dass die starke Wechselwirkung z.B. gegenüber einer Vertauschung von Protonen und Neutronen invariant ist, insofern bilden Neutronen und Protonen ein Dublett.[18] Dieser Ansatz kann nun weiter verfolgt werden, indem immer größere Mengen von Teilchen mit ähnlichen Eigenschaften zu Multipletts vereinigt werden.

2.5.2 Zusammenfassung in Multipletts

Es sollte sich im weiteren Verlauf der Forschung zeigen, dass es sich bei den Multipletts keineswegs nur um eine formale Spielerei handelt. Zur Zeit der ersten Formulierung des Dekupletts in Abbildung 2.2 gab es noch keinen Hinweis auf die Existenz des Teilchens Ω^- an der Spitze der Pyramide. Aufgrund einer einfachen Extrapolation aus den Massen der Teilchen in den darunterliegenden Ebenen konnte die vermutete

[18] In [Heisenberg 1932] wird erstmals ein neuer Freiheitsgrad beschrieben, der in der Folgezeit aufgrund der Analogien zum herkömmlichen Spin als Isospin bezeichnet wurde. Nach dieser Interpretation unterscheiden sich z.B. Proton und Neutron lediglich durch die Werte des Isospins, ansonsten sind beide Teilchen gleich.

In Anlehnung an die Platonische Lehre ging Heisenberg noch weiter und postulierte die Existenz eines *U*rteilchens genannt *N*ukleon, welches sich in den beiden Formen Proton und Neutron nachweisen lässt.

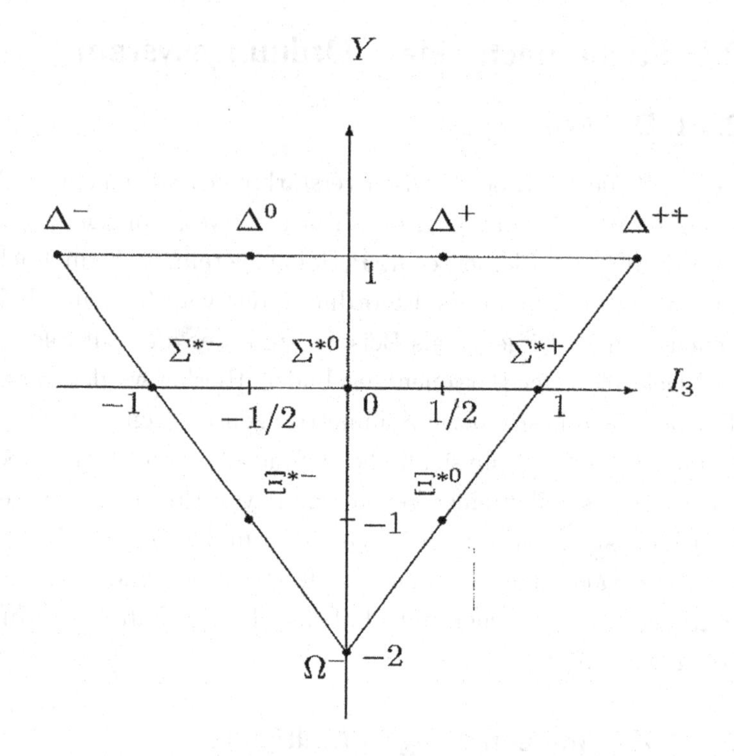

Abbildung 2.2: Dekuplett. Y ist die starke Hyperladung, I_3 die Z-Komponente der starken Hyperladung.

Masse dieses Teilchens abgeschätzt werden ($\sim$ 1.680 MeV). 1964 wurde das postulierte Teilchen mit einer Masse von 1.672 Mev entdeckt, dies bedeutete eine überzeugende Bestätigung der Vermutung.

Der Erfolg dieser Klassifizierung erhöhte die Motivation, nach den vermuteten, elementaren Bausteinen zu fahnden, die hinter den Multipletts stehen. Murray Gell-Mann und George Zweig postulierten unabhängig voneinander die Existenz von *Q*uarks bzw. von *A*ces. Ähnlich ungewöhnlich wie die Bezeichnung *Q*uarks wurde die Bezeichnung der Unterarten dieser Teilchen gewählt, z.B. *u*p, *d*own, *s*trange.

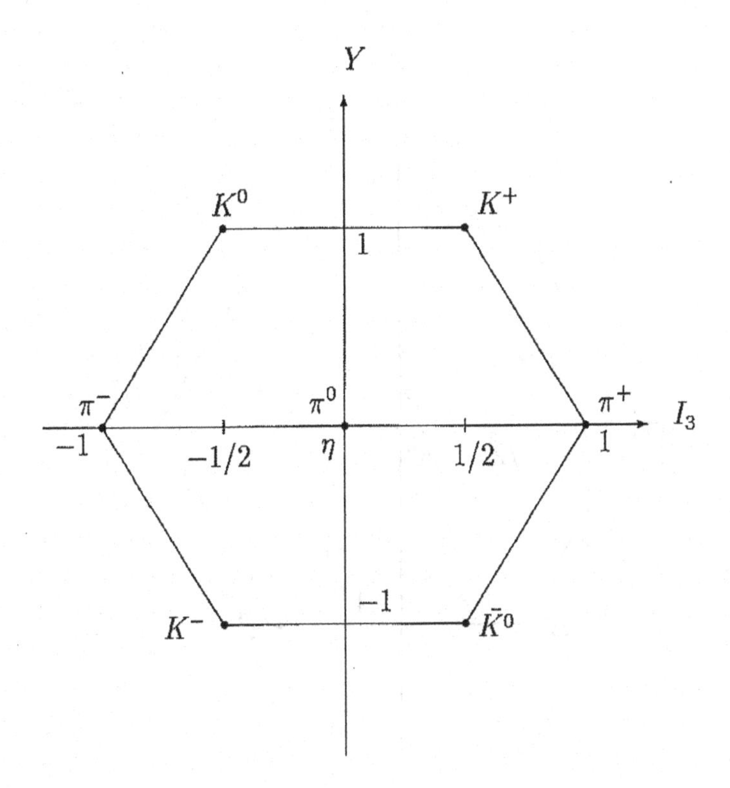

Abbildung 2.3: Oktett der pseudoskalaren Mesonen mit Spin $S = 0$ und Parität $P = -1$.

2.6 Die Beschreibung der Quarks

2.6.1 Geschichte des Quarkmodells

Verfolgt man die Entwicklungsgeschichte der Theorie der Quarks, so bestehen in verschiedener Hinsicht Parallelen zur Entstehung der Theorie, nach der die uns umgebende Materie entsteht, indem einige wenige Elemente in verschiedenen Mischungsverhältnissen zusammengefügt werden. Diese Konzeption führte bekanntlich zur Aufstellung

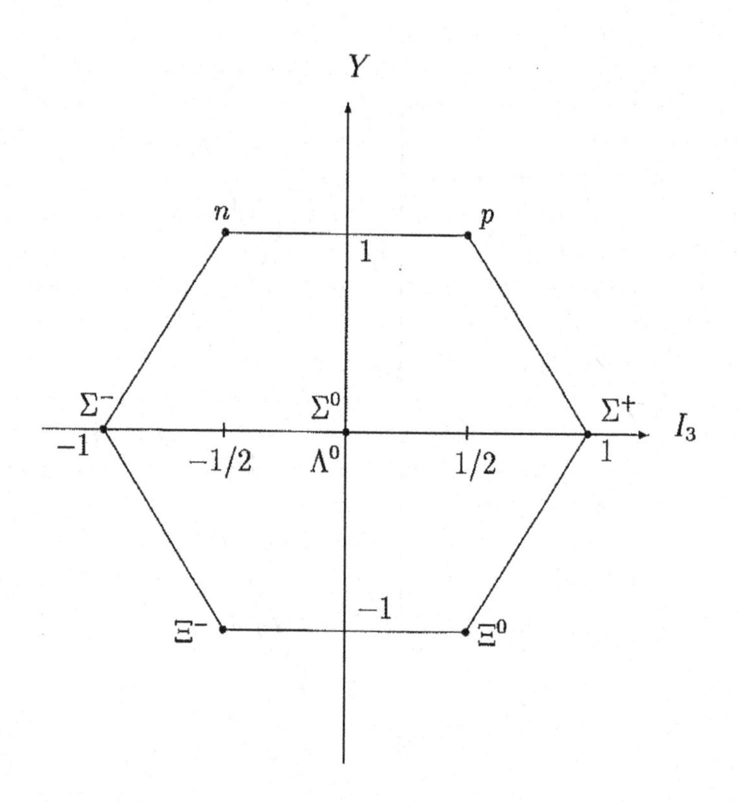

Abbildung 2.4: Oktett der Baryonen mit Spin $S = 1/2$

des Periodensystems der Elemente.[19] Analog zur Systematik Theorie der chemischen Elemente besagt die Theorie der Quarks, dass sich die gesamte uns umgebende Materie aus einer begrenzten Anzahl von Teilchen, den sogenannten Fermionen, zusammengesetzt beschreiben lässt.

So wie sich seinerzeit die Theorie der Elemente in einem langen Ringen gegen die vorherrschende Alchemie durchsetzen musste, so traf auch das 1964 von Murry Gell-Mann und George Zweig formulierte

[19] Siehe Abbildung 2.6.

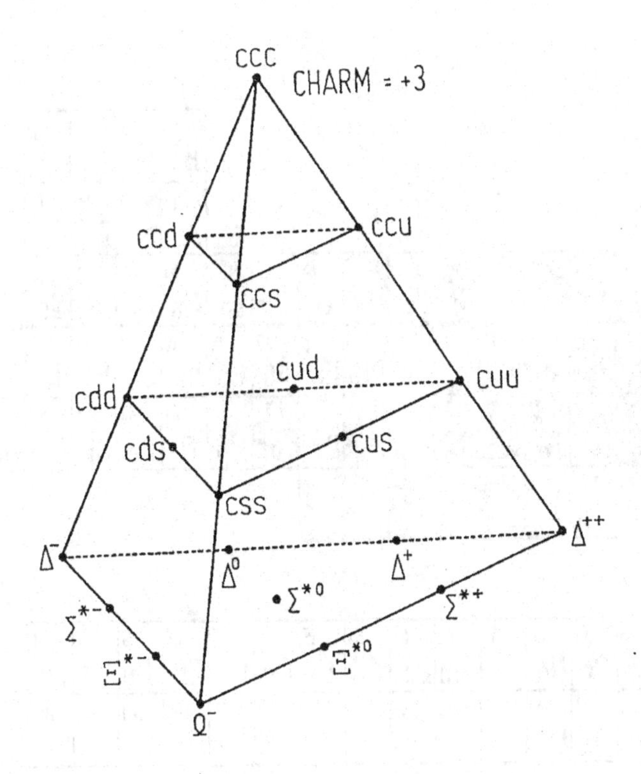

Abbildung 2.5: 20-Plett der Baryonen mit Spin $S = 3/2$

Modell der Quarks zunächst auf eine große Skepsis. Vielen schien es verdächtig, die unüberschaubar große Anzahl der damals bekannten Teilchen in einer derart einfachen Weise zu beschreiben. In gewisser Weise sprach auch die Bezeichnung *Q*uarks, die auf einen Roman von J. Joyce zurückgehen, dagegen, die Quarks als alltäglichen Teil der uns umgebenden Materie zu akzeptieren.

Die von der Theorie beschriebenen Eigenschaften der Quarks, insbesondere die elektrische Ladung von $-1/3$ bzw. $2/3$, stehen im Widerspruch zu allen bis dato gewonnenen experimentellen Befunden. Gleichwohl ermöglicht diese Theorie die Zusammensetzung vieler

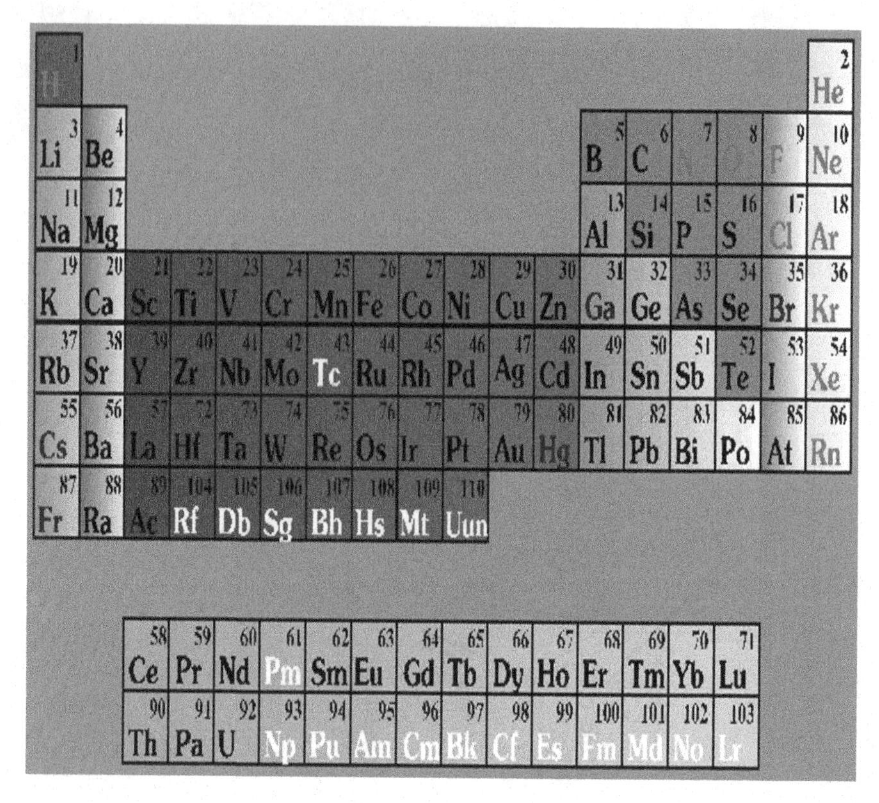

Abbildung 2.6: Periodensystem der Elemente

bekannter Teilchen auf sehr einfache Weise: Ein Quark und ein Antiquark ergeben so ein Meson, drei Quarks ergeben ein Baryon. So setzen sich z.B. das Proton p und das Neutron n jeweils aus u-Quarks und d-Quarks zusammen:

$$p = (uud) \tag{2.2}$$

$$n = (udd). \tag{2.3}$$

Ein Beispiel für ein Meson ist das Teilchen π^-:

$$\pi^- = (d\overline{u}). \tag{2.4}$$

Die Theorie postuliert außerdem, dass es Paare von Quarks und Anti-Quarks gibt und die Erzeugung und Vernichtung von Quarks jeweils nur in Paaren erfolgen kann. Weiterhin lassen sich durch das Modell der Quarks auch alle bekannten Reaktionen zwischen den verschiedenen bekannten Teilchen durch Erzeugung und Vernichtung von Quark-Antiquark-Paaren bzw. durch Umgruppierung von Quarks erklären. Diese Prozesse wurden dabei der starken Wechselwirkung zugeordnet.

Ein wichtiger Grund für die Skepsis, auf die die Beschreibung der Quarks anfangs traf, liegt in der Unmöglichkeit einer direkten empirischen Beobachtung. Aus Gründen, die an späterer Stelle noch ausführlich erörtert werden, ist es prinzipiell unmöglich, ein einzelnes Quark aus einem Baryon bzw. einem Meson herauszulösen und gesondert zu beobachten. Trotzdem erwies es sich als möglich, mit den Mitteln der tief-inelastischen Streuung bestimmte Eigenschaften der Quarks aufzuzeigen. So wie in den Versuchen von E. Rutherford aus der Verteilung der Ablenkungswinkel der gestreuten α - Teilchen auf die ungleiche Verteilung von Materie im Kern geschlossen werden konnte, bei der die Masse in einem nahezu punktförmigen Kern konzentriert ist, so konnte in den 60-er Jahren bei einer tief-inelastischen Streuung von Elektronen an Protonen die Existenz von *K*örnchen innerhalb der Protonen nachgewiesen werden, die anfangs von Feynman mit dem Namen *P*artonen bezeichnet wurden.[20] Kurze Zeit später wurde durch die tief-inelastische Streuung von Elektronen und Neutrinos an Protonen und Neutronen sowohl die drittelzahlige elektrische Ladung als auch der halbzahlige Spin nachgewiesen.

Neben diesen experimentellen Befunden war es insbesondere die Entdeckung des Teilchens J/ψ, die zu der sogenannten *N*ovemberrevolution der Teilchenphysik von 1974 führte, in der aus der *Q*uark-Hypothese

[20] [Bleck-Neuhaus 2010], S. 600 ff.

schlagartig ein *Q*uark-Modell wurde,[21] welches inzwischen in der Elementarteilchenphysik uneingeschränkt akzeptiert wird.

Neben der Möglichkeit, die bekannten Teilchen als Kompositionen der Quarks zu beschreiben, wird vom Quarkmodell auch verlangt, dass es die bekannten Prozesse zu erklären vermag. Dabei muss die Theorie das Kunststück vollbringen zu erklären, dass die in Baryonen oder Mesonen gebundenen Quarks einerseits in Streuexperimenten als eigenständige Streuzentren identifiziert, andererseits jedoch nicht aus diesen Teilen herausgelöst werden können.

Die Theorie, die die Wechselwirkung zwischen den Quarks beschreibt, heißt Quantenchromodynamik (QCD). Diese Theorie beschreibt den Umstand, dass in diesen Bindungszuständen die durch die Gluonen entstehenden Kräfte abgeschirmt sind. Aufgrund der enormen Stärke reicht aber selbst der nach außen dringende Rest der Wechselwirkung, um als *K*ernkraft wahrgenommen zu werden.

2.6.2 Ladung der Quarks

Geht man von einer Zusammensetzung der Baryonen aus 3 Bestandteilen aus, so müssen beispielsweise Neutronen und Protonen, die keinen Flavour *S*trange aufweisen, aus Quarks konstituiert sein, die ebenfalls keinen Flavour *S*trange aufweisen, also aus den Quarks u und d. Möglich sind die somit die Kombinationen

$$p = (uud) \tag{2.5}$$

$$n = (udd). \tag{2.6}$$

Unterstellt man für die elektrische Ladung Q der einzelnen Bausteine Additivität, dann ergibt sich:

$$2 \cdot Q_u + Q_d = 1 \ (Proton) \tag{2.7}$$

$$2 \cdot Q_d + Q_u = 0 \ (Neutron). \tag{2.8}$$

[21] [Bleck-Neuhaus 2010], S. 609.

Damit erhält man schließlich

$$Q_u = 2/3 \tag{2.9}$$

$$Q_d = -1/3 \tag{2.10}$$

für die elektrischen Ladungen der Quarks.

Auch für das Quark s ergibt sich eine gebrochene Ladung. Blickt man auf das elektrisch neutrale Teilchen Λ^0, welches je aus je einem Quark u, d und s besteht,[22] so erhält man

$$Q_u + Q_d + Q_s = 0 \Rightarrow Q(s) = -1/3. \tag{2.11}$$

Weiterhin existieren die Quarks s, c, und t.

2.6.3 Bauplan und Dynamik bekannter Hadronen und Mesonen

Nach der Bestimmung der jeweiligen Ladungen der verschiedenen Quarks besteht der nächste Schritt darin, für die bekannten Baryonen und Mesonen jeweils einen Bauplan anzugeben. Generell gilt dabei folgendes Prinzip: Ein Baryon setzt sich jeweils aus 3 Quarks zusammen. So gilt z.B.

$$\Delta^0 = (udd). \tag{2.12}$$

Ein Meson besteht hingegen jeweils aus einem Quark und einem Anti-Quark, z. B.

$$\pi^- = (d\overline{u}). \tag{2.13}$$

Die *s*eltsamen Teilchen mit *s*trangeness erhalten mindestens ein s oder $\overline{s}$ -Quark. Durch diese Vorgaben für die Zusammensetzung von

[22] $\Lambda^0 = (uds)$.

Baryonen und Mesonen aus Quarks wird gewährleistet, dass die zusammengesetzten Teilchen jeweils eine ganzzahlige Ladung aufweisen.

Ebenso lässt sich unter Berücksichtigung des Quarkmodells die Dynamik der Hadronen beschreiben:

1. Starke Wechselwirkung - diese ist empirisch gekennzeichnet durch eine sehr große Kopplungsstärke. Die starke Wechselwirkung wirkt nur auf die Quarks, der Flavour eines Quarks ändert sich dabei nicht; durch sie kann die Erzeugung und Vernichtung von Quark-Antiquark-Paaren verursacht werden:
   Zerfall des Resonanz-Teilchens
   $$\Delta^0 \rightarrow p + \pi^- . \tag{2.14}$$
   Bei diesem Prozess wird netto ein Paar $u\overline{u}$ erzeugt.

2. Schwache Wechselwirkung - die Prozesse, die durch diese Wechselwirkung verursacht werden, sind durch eine extrem geringe Übergangsrate gekennzeichnet, daher kann sie bevorzugt dann empirisch beobachtet werden, wenn sie nicht durch die starke oder die elektromagnetische Wechselwirkung überdeckt wird. Sie ist die einzige Wechselwirkung, die eine Änderung des Flavours bewirken kann. Mit Hilfe dieser Wechselwirkung können in Teilchen-Antiteilchen-Paaren alle Arten von Fermionen erzeugt werden:
   Schwacher Zerfall des Neutrons (β-Zerfall):
   $$n \rightarrow p + e^- + \overline{\nu}_e . \tag{2.15}$$
   $$(udd) \rightarrow (uud) + e^- + \overline{\nu}_e . \tag{2.16}$$
   Es findet eine Umwandlung des Flavours eines Quarks $d \rightarrow u$ statt sowie die Erzeugung eines Fermionen-Paares, so dass die Ladung erhalten bleibt.

2.6.4 Farbladung

Aus der Anwendung dieser Regeln zur Zusammensetzung von Baryonen und Mesonen ergibt sich ein Verstoß gegen das Pauli-Prinzip. Die Teilchen an den drei Ecken des Dekupletts in Abbildung 2.2 setzen sich jeweils aus drei Quarks zusammen:

$$\Delta^{++} = (uuu) \tag{2.17}$$

$$\Delta^{-} = (ddd) \tag{2.18}$$

$$\Omega^{-} = (sss) \tag{2.19}$$

Alle drei Teilchen haben mit dem Bahndrehimpuls $L = 0$ dieselbe Ortswellenfunktion, die Spins sind aufgrund von $S = 3/2$ parallel gestellt. Dies steht im Widerspruch zum Pauli-Prinzip, welches fordert, dass sich zwei Zustände in mindestens einem Freiheitsgrad unterscheiden müssen. In dieser Situation bieten sich zwei mögliche Auswege an: Man kann

1. die Gültigkeit des Pauli-Prinzips einschränken oder

2. die Existenz eines weiteren Freiheitsgrades postulieren.

Der zweite Weg wurde tatsächlich beschritten, indem ein neuer Freiheitsgrad *F*arbe eingeführt wurde. Demnach treten die Quarks jeweils mit den Farbladungen $Rot(R)$,
$Grün(G)$ und $Blau(B)$ auf, die Anti-Quarks mit den Farbladungen $Anti-Tot(\overline{R})$, $Anti-Grün(\overline{G})$ und $Anti-Blau(\overline{B})$. Die Schreibweise z.B. für ein *g*rünes u-Quark lautet u_G.

2.6.5 Farbkombinationen

Durch die Einführung der Farbladungen ergeben sich neue Aspekte, die wiederum eine Auswahlregel nach sich ziehen. Für das Teilchen Λ^0 ergeben sich theoretisch $3 \times 3 \times 3$ Arten der Konstitution. Dies hätte einen Wirkungsquerschnitt zur Folge der deutlich über dem empirisch bestimmten liegt. Aufgrund dessen muss die Anzahl der tatsächlich möglichen Kombinationen durch eine zusätzliche Auswahlregel eingeschränkt werden. Diese Auswahlregel lautet:

Nur farblose Teilchen können existieren.

Diese Forderung kann erfüllt werden, indem in einem Baryon und einem Meson jeweils alle Farbladungen mit ihren entsprechenden Anti-Farbladungen vertreten sind. Zusätzlich wird die folgende Eigenschaft postuliert:

Jedes Quark besetzt mit gleicher Wahrscheinlichkeit jeden der drei Farbzustände.

Werden diese 2 Forderungen berücksichtigt, so stimmen Theorie und Experiment hinsichtlich der Wirkungsquerschnitte überein.

2.6.6 QCD

Die Theorie der starken Wechselwirkung zwischen den Quarks, die Quantenchromodynamik (QCD), stellt eine Übertragung der Prinzipien der Theorie der Elektromagnetischen Wechselwirkung, der Quanten-Elektrodynamik dar. So wie im Fall der QED die Wechselwirkung durch den Austausch von virtuellen Teilchen (Photonen), im Fall der schwachen Wechselwirkung durch den Austausch von W– und Z–-Bosonen erklärt wird, so die starke Wechselwirkung durch den Austausch von sogenannten Gluonen. Der Name *G*luon[23] verweist auf die Stärke dieser Wechselwirkung.

Für die starke WW werden die folgenden Eigenschaften postuliert:

1. Die Farbladung entspricht der elektrischen Ladung im Fall der elektromagnetischen Wechselwirkung. Jedes Quark trägt eine der

[23]Engl. *g*lue (Leim).

Ladungen $Rot(R)$, $Grün(G)$ und $Blau(B)$ bzw. eine der komplementären Ladungen $Anti - Rot(\overline{R})$, $Anti - Grün(\overline{G})$ und $Anti - Blau(\overline{B})$.

2. Jeder aus mehreren Quarks zusammengesetzte Zustand muss zu jedem Zeitpunkt farblos sein.

3. Die Quarks können niemals einzeln auftreten, sondern nur im Verbund mit anderen Quarks.

4. Durch Polarisationseffekte kann in verminderter Form die starke WW auch außerhalb der Quarks als eine Wechselwirkung zwischen Nukleonen wahrgenommen werden. Diese Wechselwirkung wurde bereits früher empirisch bestätigt und ursprünglich für die starke Wechselwirkung gehalten.

5. Die starke Wechselwirkung wird durch die *G*luonen übertragen. Das Gluon trägt eine Farb- sowie eine Anti-Farbladung. Dies ermöglicht es ihm, bei der Wechselwirkung zweier Quarks die Farbladungen der beiden Quarks zu ändern.

6. Es existieren 8 Arten von Gluonen.

2.6.7 Confinement und Massenbestimmung

Unter Confinement[24] versteht man den Effekt, dass die Quarks niemals einzeln beobachtet werden können, sondern immer nur im Verbund. In dieser Hinsicht unterscheidet sich die Beschreibung der starken Wechselwirkung fundamental von denen der anderen Wechselwirkungen. Aufgrund dieser Eigenschaft ergeben sich fundamentale Schwierigkeiten. Über die Eigenschaften von freien, ungestörten Quarks zu reden stellt vor diesem Hintergrund fast einen Widerspruch in sich dar.

[24]Engl. *E*inschluss.

Problematisch ist hierbei insbesondere die Bestimmung der Massen der Quarks[25]. Da die Quarks aufgrund der starken Wechselwirkung nur im Verbund mit anderen Teilchen existieren können, ist es nicht möglich, die Massen der Quarks direkt zu bestimmen. Vielmehr müssen die Massen der Quarks indirekt durch Berechnungen ermittelt werden. Die Summe der auf diese Weise bestimmten Massen der u- und d-Quarks ist erheblich kleiner als die Masse der Protons, so dass diese überwiegend aus der kinetischen Energie der Quarks (und Gluonen) im Innern des Protons bestehen muss.[26] Die Massen der schweren c-, b- und t-Quarks können befriedigend aus der Masse der schweren Mesonen abgeschätzt werden, in denen diese Quarks enthalten sind.

Ursprünglich ging man davon aus, dass alle Neutrinos masselos sind. In Messungen an Neutrinos aus der kosmischen Strahlung zeigte sich aber, dass die Neutrinos doch eine sehr kleine Masse aufweisen, vermutlich unterhalb 0,01 eV.[27]

---

[25] Siehe hierzu Tabelle 2.2.

[26] Für jedes Teilchen ist die Vorstellung von einem eigentlichen Teilchen eng verknüpft mit der Vorstellung von der Masse dieses Teilchens. Masse und Energie sind wie üblich in der Teilchenphysik über die Relation

$$E = mc^2$$

verknüpft. Aufgrund dieser Relation verbirgt sich insbesondere dann ein bedeutender Teil der Masse in der kinetischen Energie, sofern die Ruhemasse im Vergleich zur Gesamtenergie klein ist. So steckt im Fall des Nukleons ein Anteil von 99 % der Masse allein in der Bindung, die Nukleonen machen ihrerseits wiederum z. B. 99 % der Masse des menschlichen Körpers aus.
Die *n*ackte Masse der Quarks kann indirekt aus den Eigenschaften der durch sie konstituierten Teilchen geschlossen werden. So lassen sich z.B. die Energien und Massen der sogenannten seltsamen Hadronen erklären, indem man bestimmte Werte für die Masse des s-Quarks ansetzt.

[27] Siehe Tabelle 2.2. Die nicht verschwindende Neutrinomasse hängt damit zusammen, dass sich die Neutrinosorten (Elektron-, Myon, Tau-Neutrino) ineinander verwandeln können. Dieser Vorgang wird als *N*eutrinooszillation bezeichnet (hierzu [Berger 2006], S. 434 ff.)

2.7 Grenzen des Standardmodells

2.7.1 Higgs-Boson

$\mathcal{S}$MEP ist eine beeindruckende Zusammenfassung der Ergebnisse der modernen Elementarteilchenphysik. Trotzdem weist es auch gegenwärtig noch Unzulänglichkeiten auf. So werden in ihm ca. 30 Konstanten wie die Massen der Quarks aufgelistet, für deren konkrete Werte auch heute noch keine Herleitung existiert.

Wie gezeigt wurde, lassen sich die elementaren Wechselwirkungen jeweils aus der Eigenschaft der Eichsymmetrie konkret bestimmen. Diese Eichsymmetrie hat zur Folge, dass die Bosonen der Wechselwirkung, also Photonen, Gluonen und Vektorbosonen, masselos sein müssen. Während dies für Photonen und Gluonen zutrifft, tragen W- und Z-Bosonen (Bosonen der schwachen Wechselwirkung) jeweils Massen. Der englische Physiker P. W. Higgs folgerte als Konsequenz die Existenz des sog. Higgs-Feldes, welches sich über das gesamte Universum erstreckt. Entsprechend dieser Theorie sind die elementaren Fermionen, Bosonen und Leptonen von Natur aus masselos und erlangen ihre Masse erst durch eine Wechselwirkung mit diesem Feld.[28]

Auch das Feldquant des Higgs-Feldes, das Higgs-Boson, muss eine Masse haben, sofern es existiert. Diese lässt sich nicht aus den Annahmen von $\mathcal{S}$MEP ableiten. Aus den Ergebnissen der bisher erfolgten Versuche, die Existenz des Higgs-Bosons nachzuweisen, kann man jedoch ableiten, dass die Masse des Bosons größer 100 GeV und kleiner 300 GeV sein muss. Damit ist sie innerhalb des Massenbereichs, welcher durch den großen Proton-Proton-Speicherring LHC (Linear Hadron-Collider) am CERN untersucht werden kann. Aus diesem Grund ist in den nächsten Jahren eine experimentelle Bestätigung oder Widerlegung der Existenz des Higgs-Bosons sehr wahrscheinlich.

[28] [Higgs 1964].

2.7.2 Die Konstanten

Neben der ausstehenden experimentellen Bestätigung der Existenz des Higgs-Bosons stellt die große Anzahl von Parametern bzw. von Konstanten, die ebenfalls ein Bestandteil des Standardmodells sind, einen weiteren Mangel dar. Üblicherweise nimmt man derzeit knapp 30 derartige Parameter an:

1. Die sechs Massen der Leptonen (3 geladene Leptonen, 3 Neutrinos),
2. die sechs Massen der Quarks,
3. die Masse des Higgs-Bosons,
4. die Kopplungskonstante α_s für die Starke Wechselwirkung,
5. die zwei Kopplungskonstanten g, g' der elektroschwachen Theorie, 1 Masse des Teilchens Z^0,
6. die 4 Parameter der CKM-Matrix[29] für die schwache Wechselwirkung der Quarks,
7. die 4 Parameter der entsprechenden, bislang noch nicht bekannten CKM-Matrix für die schwache Wechselwirkung der Leptonen,
8. die Gravitationskonstante γ,
9. die Lichtgeschwindigkeit c,
10. das Plancksche Wirkungsquantum $\hbar$.

Entsprechend dieser Auflistung benötigt man somit knapp 30 Konstanten, um mit einer erstaunlichen Exaktheit und Fülle die bekannten

[29] Die nicht-hermitesche Cabibbo-Kobayashi-Maskawa-Matrix enthält die Übergangsamplituden der schwachen Wechselwirkung zwischen den Quarks d, s, b und u, c, t , hierzu [Berger 2006], S. 424 ff.

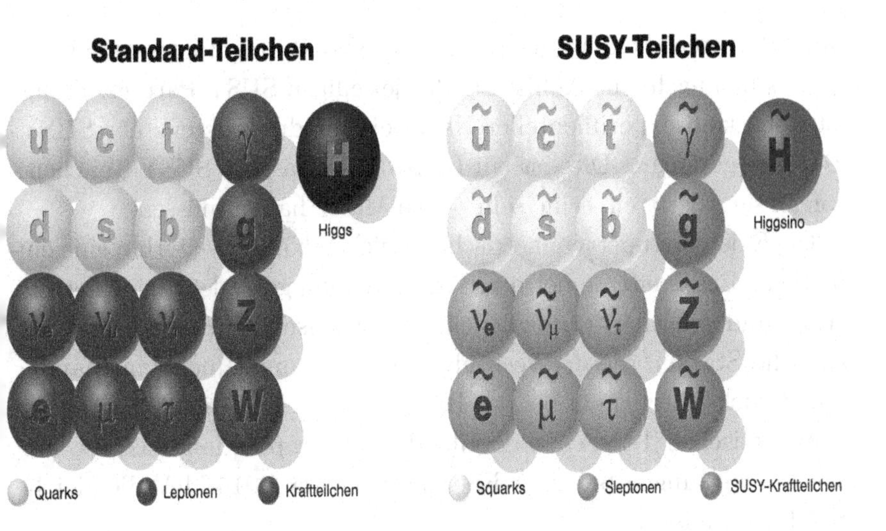

Abbildung 2.7: Die Teilchen in der Theorie der Supersymmetrie. Quelle: DESY

physikalischen Phänomene vorhersagen zu können. Für die weitere Verbesserung des Standardmodells stellt es eine zentrale Aufgabe dar, z.B. eine Herleitung der Massen der Quarks zu formulieren und so die Anzahl von Konstanten zu reduzieren.

2.7.3 Die Theorien der Supersymmetrie

Sucht man nach Möglichkeiten, die Elementarteilchenphysik jenseits von SMEP fort zu entwickeln, so stellen die sog. Supersymmetrien (SUSY) einen wichtigen Ansatz dar.[30] Bei diesen bislang nahezu ausschließlich spekulativen Theorien, für die noch keinerlei empirische Bestätigung vorliegt, ist eine Umwandlung von Bosonen und Fermionen ineinander möglich. Dadurch verdoppelt sich die Zahl der Teilchen[31] Zu jedem normalen Teilchen gehört eines, dessen Spin sich

[30] Eine Einführung in die SUSY-Theorien bietet [Aitchison 2007].

[31] Hierzu Abbildung 2.7.

um 1/2 unterscheidet - neben den in *S*MEP aufgeführten Teilchen gibt es demnach eine Auflistung der jeweiligen SUSY-Partner. Bisher ist noch kein experimenteller Nachweis für die Existenz der SUSY-Teilchen gelungen. Dies ist ein Indiz dafür, dass sie SUSY-Teilchen - sofern sie existieren - eine sehr große Masse haben müssen.

Die Existenz supersymmetrischer Teilchen könnte weiterhin eine einheitliche Beschreibung der drei Wechselwirkungen (elektromagnetisch, stark und schwach) ermöglichen. Mit wachsender Energie gleichen sich die Stärken dieser Wechselwirkungen immer mehr aneinander an. Berücksichtigt man bei der Extrapolation die Existenz der supersymmetrischen Teilchen, so ergibt diese Extrapolation, dass die drei Wechselwirkungen bei einer Energie von etwa 1.016 MeV die gleiche Stärke aufweisen.

2.8 Die Ergebnisse der modernen Elementarteilchenphysik

2.8.1 Überblick

Die in diesem Kapitel vorgestellte Beschreibung der Elementarteilchenphysik in *S*MEP lässt sich abschließend in den folgenden Grundaussagen zusammen fassen:[32]

1. Es gibt Elementarteilchen. Als Ergebnis der voranstehenden Ausführungen lässt sich festhalten, dass es Teilchen gibt, die sich dadurch auszeichnen, dass sie mit der heute möglichen Technik keinerlei räumliche Ausdehnung sowie innere Struktur erkennen lassen.

2. Es gibt nur wenige Grundarten von Elementarteilchen, 2 Arten von Fermionen und 3 Arten von Bosonen. Die Fermionen (Teilchen

[32] [Bleck-Neuhaus 2010], S. 663

mit jeweils Spin 1/2) unterteilen sich in die Leptonen und Quarks. Die Bosonen (Teilchen mit Spin 1) unterteilen sich in die Photonen, die Gluonen und die W- und Z-Teilchen.
Die Fermionen weisen eine strenge Erhaltung der Gesamtzahl der Leptonen sowie der Quarks auf. Für die Bosonen gibt es hingegen keinen derartigen Erhaltungssatz, sie können daher in beliebiger Anzahl erzeugt oder vernichtet werden.

3. Das Photon überträgt die elektromagnetische Wechselwirkung, das Gluon die starke Wechselwirkung,
das $W-$ und das Z- Teilchen übertragen die schwache Wechselwirkung.

4. Elementarteilchen können erzeugt und vernichtet werden. Dies lässt sich experimentell unter anderem durch den Anfang und das Ende von Teilchenspuren in Blasenkammeraufnahmen nachweisen. Im Fall der Fermionen werden hierbei strenge Erhaltungssätze beachtet.

5. Es existieren Teilchen und Antiteilchen. Teilchen und Antiteilchen haben mit Ausnahme der Masse verschiedene Eigenschaften. Teilchen und Antiteilchen können sich gegenseitig vernichten, wobei Strahlung freigesetzt wird.

6. Elementarteilchen der gleichen Sorte sind vollkommen ununterscheidbar. Teilchen können lediglich durch ihren Zustandsvektor beschrieben werden. Im Fall der Fermionen muss zusätzlich das Pauli-Prinzip beachtet werden.

7. Jede der drei Grundkräfte der Natur wird durch den Austausch von Bosonen in virtuellen Zuständen verursacht (den Austauschbosonen).

8. Die klassische Physik kennt die Erhaltungssätze für Energie, Impuls, Drehimpuls und die elektrische Ladung. Diese Erhaltungs-

sätze lassen sich jeweils aus einer Symmetrieeigenschaft bzw. aus Invarianzen ableiten. Diese Erhaltungssätze gelten zwischen den Elementarteilchen in einer Strenge, wie sie in makroskopischen Systemen niemals beobachtet werden kann. Dies hängt mit dem Umstand zusammen, dass makroskopische Systeme eine Vielzahl von Freiheitsgraden aufweisen, so dass sie verschiedene Möglichkeiten haben, Energie, Impuls, Drehimpuls oder elektrische Ladung aufzunehmen oder abzugeben, ohne dass sich der Zustand makroskopisch bemerkbar ändert. Elementarteilchen haben keine derartigen inneren Freiheitsgrade, um in dieser Weise Energie zu verstecken. In der klassischen Physik gilt eine solche Invarianz auch für drei Arten von Prozessspiegelungen:
nach räumlicher Spiegelung (Operation $\hat{P}$),
nach Vertauschung der Ladungsvorzeichen (Operation $\hat{C}$),
nach Umkehr des zeitlichen Ablaufs (Operation $\hat{T}$).
In der Elementarteilchenphysik gelten diese Spiegel-Symmetrien einzeln nur für die Prozesse der elektromagnetischen sowie der starken Wechselwirkung. Durch die schwache Wechselwirkung werden diese Symmetrien hingegen gebrochen. Werden alle drei Spiegelungen gleichzeitig angewendet, so sind auch die Prozesse der schwachen Wechselwirkung nach der Spiegelung identisch zu denen vor der Spiegelung. Dieses fundamentale Naturgesetz wird als CPT-Theorem bezeichnet.

2.8.2 Wieviele Arten von Elementarteilchen gibt es?

Eine wichtige Konsequenz der beschriebenen Ergebnisse besteht darin, nochmals die Frage aufzugreifen, wieviel Arten von Elementarteilchen es tatsächlich gibt. Es wird sich dabei zeigen, dass bei einer strengen Interpretation die in Tabelle 2.2 dargestellte Einteilung modifiziert werden muss. Hierzu müssen erst die bekannten Ladungen eingehender betrachtet werden:

1. Baryonenzahl (+1 bei Protonen und Neutronen, +1/3 bei den Quarks),
2. Leptonenzahl (+1 bei Elektron, Myon, Tauon und den zugehörigen Neutrinos),
3. Farbladung (3 verschiedene *F*arben R, G, B bei den Quarks und Gluonen),
4. Schwache Ladung (+1 bei Quarks und Leptonen).

   Die ersten 2 Ladungen müssen immer exakt erhalten bleiben. Durch die Erhaltung der ersten beiden Ladungen wird gesichert, dass Quarks und Leptonen jeweils immer nur zusammen mit einem Antiteilchen erzeugt oder vernichtet werden können. Die schwache Ladung kann durch Prozesse der schwachen Wechselwirkung verändert werden.

   Weitere Eigenschaften sind:

5. der Quark-Flavour (der Unterschied der sechs Arten von Quarks d, u, s, c, b, t),
6. der Leptonen-Flavour (der Unterschied der drei Leptonen-Familien, bestehend jeweils aus einem elektrisch negativen Teilchen und dem korrespondierenden Neutrino.)

Der Quark-Flavour kann durch Prozesse der schwachen Wechselwirkung geändert werden, so kann z.B. ein d-Quark in ein u-Quark umgewandelt werden. Die β-Radioaktivität setzt zwingend die Möglichkeit der Umwandlung eines Neutrons (udd) in ein Proton (uud) voraus.

Seit 1998 ist bekannt, dass sich auch der Leptonen-Flavour ändern kann.

Wieviel Arten von elementaren Teilchen gibt es nun insgesamt? Blickt man auf die Tabelle 2.2, so lautet die Antwort:

Tabelle 2.5: Die elementaren Fermionen in strenger Interpretation. Es werden jeweils Name und Äquivalenzklasse bezüglich $\sim$ aufgeführt.
Nach dieser Betrachtung gibt es jeweils 1 Elementarteilchen **Q** (fundamentales Quark) sowie ein Elementarteilchen **L** (fundamentales Lepton). Für jedes der 2 Teilchen existiert jeweils ein entsprechendes Anti-Teilchen. **Q** existiert in 6 verschiedenen Formen, diese entsprechen den 6 Arten von Quarks (Äquivalenzklassen $P1 - P18$ in Tabelle 2.2). Jedes der 6 Quarks existiert mit 3 Farbladungen, die als Rot, Grün und Blau bezeichnet werden. Somit kann **Q** sowie dessen Anti-Teilchen jeweils in 18 verschiedenen Arten nachgewiesen werden.
L sowie dessen Anti-Teilchen kann jeweils in 6 verschiedenen Arten nachgewiesen werden (entspricht den Äquivalenzklassen $P19 - P24$ in Tabelle 2.2).

Teilchen	Klasse hinsichtlich $\sim$
Q	P_1
L	P_2

1. 6 Leptonen, 18 Quarks (6 Flavours, jeweils in den drei Farben), insgesamt **24** Teilchen

2. **24** Antiteilchen zu diesen Teilchen

3. 8 Austauschteilchen für die Starke Wechselwirkung, 3 für die Schwache, 1 für die elektromagnetische Wechselwirkung sowie das Higgs-Boson, insgesamt **13** Teilchen.

Somit ergeben sich insgesamt **61** Arten von Teilchen.

Auf die Frage: Welches Teilchen ist fundamental? gibt es verschiedene Antworten. Hierfür gilt es zu beachten, dass z.B. im β-Zerfall ein d-Quark in ein u-Quark übergeht. Es widerspricht in gewisser Weise der intuitiven Vorstellung von einem Elementarteilchen, dass es in ein anderes Elementarteilchen umgewandelt werden kann.

Dies erlaubt die physikalische Interpretation von einem fundamentalen Quark Q mit einem inneren Freiheitsgrad *F*lavour mit 6 möglichen Werten sowie einem fundamentalen Lepton L mit einem Freiheitsgrad Leptonen-Flavour mit 6 möglichen Werten.

Zusammen mit den jeweiligen Anti-Teilchen ergeben sich in dieser strengen Interpretation der Eigenschaft *f*undamental **4** Teilchenarten.

$$Q, \bar{Q}, L, \bar{L}.$$

Wie sieht es für die Bosonen aus? Auch im Fall der Bosonen gibt es die Möglichkeit von Umwandlungen von Bosonen verschiedener Arten ineinander. Da im Fall dieser Umwandlungen verschiedener Bosonen ineinander die physikalischen Hintergründe wesentlich komplexer sind, werden im weiteren Verlauf dieser Untersuchung nach wie vor 13 Arten von Bosonen unterschieden, allerdings ändert sich bei einer strengen ontologischen Interpretation der Fermionen die Benennung der Äquivalenzklassen der einzelnen Arten von Bosonen.

Dies ergibt in Summe nach wie vor 8 Gluonen, die Vektorbosonen der schwachen Wechselwirkung W^+, W^- und Z, das Photon sowie das Higgs-Boson, insgesamt **13** fundamentale Bosonen. In dieser strengen Interpretation der Eigenschaft eines Teilchens *f*undamental zu sein, ergeben sich somit insgesamt **15** verschiedene Teilchenarten.

In Tabelle 2.5 und 2.6 werden die fundamentalen Fermionen und Bosonen in dieser strengen Interpretation aufgeführt.

In der in dieser Arbeit beschriebenen Rekonstruktion des Standardmodells wird auf die übliche Anzahl von Arten der Elementarteilchen, wie sie in Tabelle 2.2 und 2.4 dargestellt werden, Bezug genommen. Gleichwohl wird in Abschnitt 5.5 erläutert, wie die Rekonstruktion modifiziert werden muss, um diese Sichtweise auf die fundamentalen Fermionen und Bosonen zu berücksichtigen.

Tabelle 2.6: Die Bosonen in strenger Interpretation. Es werden jeweils Name und Äquivalenzklasse hinsichtlich $\sim$ aufgeführt.
Die Teilchen W^+, W^- und Z werden als *i*ntermediäre Vektorbosonen bezeichnet. Der Name 'Vektorboson' beruht auf der Tatsache, dass der Wert des Spins den Wert 1 hat. das Gluon kann in 8 verschiedenen Arten nachgewiesen werden. Da das Boson g keine elektrische Ladung aufweist, ist es mit seinem Anti-Teilchen identisch.
Das *H*iggs-Boson wird aus theoretischen Gründen benötigt, da nur eine Wechselwirkung mit dem Higgs-Feld es bestimmten Teilchen ermöglicht, eine Masse ungleich 0 aufweisen zu können. Innerhalb des Rahmens von *S*MEP ist das *H*iggs-Boson das einzige Teilchen, dessen Existenz zwar aus theoretischen Gründen postuliert, aber noch nicht experimentell nachgewiesen wurde. Die Bandbreite, innerhalb deren dieses Teilchen wahrscheinlich liegt, sofern es existiert, ist jedoch bekannt.

Teilchen	Klasse hinsichtlich $\sim$	Masse (mc^2)	Ladung	Spin
g	$P_3 - P_{10}$	0	0	1
W^+	P_{11}	$80,42\ MeV$	1	1
W^-	P_{12}	$80,42\ MeV$	-1	1
Z	P_{13}	$91,19\ MeV$	0	1
γ	P_{14}	0	0	1
$Higgs$	P_{15}	?	?	0

3 Strukturalistische Rekonstruktionen

3.1 Überblick

Die wissenschaftstheoretischen Strukturalisten sind Anhänger des *s*emantic view. Diese Ansicht stellt einen Gegenpol dar zum *r*eceived view, der eng mit dem logischen Positivismus verknüpft ist. In diesem Kapitel werden die Gründe für den Übergang vom *r*eceived view zum *s*emantic view erläutert.

Vor der Rekonstruktion von *S*MEP in Kapitel 5 werden in diesem Kapitel die wesentlichen Elemente einer strukturalistischen Rekonstruktion am Beispiel der klassischen Stoßmechanik (*C*CM) erläutert. Die Theorieelemente verschiedener Theorien können im Rahmen einer solchen Rekonstruktion unter bestimmten Bedingungen zu Theorienetzen und Holons verknüpft werden. Ausgehend von den Erläuterungen in diesem Kapitel wird im weiteren Verlauf untersucht, inwiefern sich die gesamte Theorie *S*EMP oder davon als ein solches Holon oder Theorienetz beschreiben lassen.

Am Ende dieses Kapitels werden schließlich einige der bedeutendsten Rekonstruktionen der letzten Jahrzehnte genannt.

3.2 Vom *received view* zum *semantic view*

3.2.1 Der received view

Zu Beginn des 20 Jahrhunderts stellten die überraschenden Ergebnisse der modernen Physik (insbesondere die Relativitätstheorie und Quantenmechanik) eine Herausforderung für die philosophische Interpretation dar.

Auf der einen Seite formulierte der Neo-Kantianismus eine Philosophie, die auch die Integration der modernen Physik ermöglichen sollte. Daneben gab es weiterhin Versuche, die Lehre von Mach zu modifizieren - in Berlin von einer Gruppe von Wissenschaftlern unter der Leitung von H. Reichenbach, in Wien von einer Gruppe unter Leitung von M. Schlick (Wiener Kreis).

Beide Gruppen stimmen darin überein, dass die Lehre Machs insofern angemessen ist, als sie der direkten Überprüfbarkeit durch die Beobachtung einen zentralen Stellenwert einräumt. Zugleich kritisierten diese Gruppen eine mangelnde Berücksichtigung der Mathematik in der Lehre Machs. Unter dem Eindruck der Ergebnisse der mathematischen Arbeiten von Frege, Cantor und Russell kamen diese Gruppen zu dem Schluss, dass die mathematischen Aussagen von Naturgesetzen sowie die Definitionen theoretischer Terme mit den Mitteln der mathematischen Logik dargestellt werden können.

Das Ergebnis war die ursprüngliche Version des received view:

1. Eine Theorie kann mit den Mitteln der mathematischen Logik axiomatisiert werden (Prädikatenlogik 1. Ordnung mit Identität).

2. Die originale Version des received view hatte die folgende Gestalt:[1]

   „A scientific theory is to be axiomatized in mathematical logic (first order predicate calculus with equality). the terms of the logical

[1] [Suppe 1977], S. 12.

axiomatization are to be divided into three sorts: (1) logical and mathematical terms; (2) theoretical terms; and (3) observation terms which are given a phenomenal or observational interpretation. the axioms of the theory are formulations of scientific laws, and specify relationships holding between the theoretical terms."

Der received view ist eng verknüpft mit dem logischen Positivismus. Da metaphysische Entitäten gemäß dieser Schule keine beobachtbaren Entitäten sind, können sie nicht durch Beobachtungsterme beschrieben werden. Da theoretische Terme aber nur dann erlaubt sind, wenn es Korrespondenzregeln gibt, die ihnen eine phänomenale Interpretation geben und dies im Fall der metaphysischen Entitäten nicht möglich ist, werden metaphysische Entitäten aus den wissenschaftlichen Theorien ausgeschlossen

3.2.2 Der semantic view

Der Strukturalismus wird gemeinhin zu den sog. *s*emantischen Schulen gerechnet. Mit dieser Bezeichnung wird dem Umstand Rechnung getragen, dass in der Strukturalistischen Konzeption Theorien nicht als sprachliche Objekte betrachtet werden, sondern als Mengen von Modellen. Demgegenüber stellt z. B. die Konzeption von Ludwig ein prominentes Beispiel für einen *s*yntaktischen Ansatz dar.[2].

Der Grundcharakter der semantischen Ansätze wird von Sneed wie folgt beschrieben:[3]

[2]Dargestellt insbesondere in [Ludwig 1970], [Ludwig 1985], [Ludwig 1987] Trotz des Gegensatzes von syntaktischen und semantischen Ansätzen gibt es zugleich Übereinstimmungen zwischen ihnen. Eine Gegenüberstellung der Konzeption von Ludwig mit der Strukturalistischen Konzeption findet sich in [Scheibe 2001].

[3][Sneed 1976], S. 144, 2.

> *„Roughly speaking, the way talking about scientific theories I am going to describe invites us to look at set of 'models' for these theories rather than the linguistic entities employed to characterize these models. That this might be a fruitful way of proceeding was, for far as I know, first suggested by Suppes."*

Von den Vertretern eines Neuanfangs in der Wissenschaftstheorie (*n*ew approach), die für eine Ersetzung der syntaktischen durch die semantischen Ansätze plädierten, wird eine Vielzahl von Gründen für diesen Übergang genannt:[4]

1. Die Erfolge der Metamathematik als eine Folge der Grundlagenkrise der Mathematik legen eine Orientierung der Wissenschaftstheorie am großen Bruder Metamathematik nahe. Der Metamathematik liegt die Auffassung zugrunde, dass Theorien Systeme oder Klassen von Sätzen sind.

2. Der Aufruhr gegen den *s*tatement view begann zu Anfang der 60er Jahre, er richtete sich gegen die logisch-empiristische Analyse der modernen Wissenschaftstheorie.

3. Folgt man einer der häufig genannten Kritikpunkte an der traditionellen Wissenschaftstheorie, so sind die Resultate der Wissenschaftstheorie dürr. Die Wissenschaftstheorie befasst sich demnach nur mit der Form, nicht aber mit dem Inhalt von Theorien. Sie trifft nur Aussagen darüber, was für alle möglichen Wissenschaften gilt, sie untersucht die logische Form aller möglichen Wissenschaften, die logische Beschaffenheit aller möglichen Gesetze, die Struktur aller möglichen Theorien, die Beziehung zwischen beliebigen Hypothesen und den sie stützenden Erfahrungsdaten.

[4] [Stegmüller 1973], S. 3.

4. Weiterhin bemängeln die Kritiker der traditionellen Wissenschaftstheorie, dass diese nur statisch sei. Sie nähme nur Momentaufnahmen gewisser Augenblickszustände auf, der dynamische Aspekt entziehe sich der logischen Analyse vollständig.

5. Folgerichtig verfügen vier der prominentesten Kritiker der traditionellen Wissenschaftstheorie, N. R. Hanson, St. Toulmin, T. S. Kuhn und P. Feyerabend, über ausgewiesene wissenschaftshistorische Kenntnisse und untermauern ihre Kritik an herkömmlichen Vorstellungen mit historischen Argumenten.

6. Weiterhin werden einige der empiristischen Grundannahmen kritisiert. Die Wissenschaftssprache wird dabei in die theoretische Sprache und die Beobachtungssprache unterteilt. Die empiristische Wissenschaftstheorie versucht dabei zu zeigen, wie die theoretischen Terme mit Hilfe der Beobachtungssprache gedeutet werden können.

   Dieses Zweistufenkonzept der Wissenschaftssprache wurde von den Vertretern des *n*ew approach zunehmend kritisiert, da es auf einer Fiktion basiere. Dies wurde pointiert in der These von der *T*heoriebeladenheit aller Beobachtungen formuliert, wonach es den neutralen Beobachter, der seine Beobachtungen ohne ein theoretisches Vorwissen tätigen kann, nicht gibt.

7. Weiterhin wurden von den Vertretern des *n*ew approach induktive Bestätigungs- und deduktive Bewährungstheorien untersucht. Nach Auffassung von Kuhn lässt sich kein einziger Vorgang in der Geschichte der Naturwissenschaft nachweisen, der der Falsifikation einer Theorie entspricht.

Zusammenfassend wurde von den genannten Autoren somit die Notwendigkeit für einen umfassenden Neuanfang in der Wissenschaftstheorie betont.

Eines der einflussreichsten Werke dieser Epoche stammt von T.S. Kuhn.[5] Auch W. Stegmüller orientiert sich in seiner Interpretation weitgehend an der Arbeit von Kuhn. Hierfür gibt er verschiedene Gründe an:[6]

1. Die Abweichung von der herkömmlichen Denkart wird von Kuhn nach Ansicht von Stegmüller prägnant beschrieben, zugleich ist er ein kompetenter Wissenschaftshistoriker.

2. Kuhn verfügt über eine anschauliche, klare und prägnante Sprache.

3. Kuhn bietet weiterhin nach Stegmüllers Ansicht nicht nur Kritik, sondern auch positive und konstruktive Beiträge.

4. Kuhns Werk enthält schließlich nach dieser Einschätzung auch ein neuartiges wissenschaftstheoretisches Konzept, dies wurde insbesondere durch J.D. Sneed[7] deutlich herausgearbeitet. Kuhn sieht in den Vorworten und Einleitungen naturwissenschaftlicher Lehrbücher die Wurzeln des modernen Positivismus und Empirismus.

Das Werk von Kuhn hat - ebenso wie andere Werke des *n*ew approach - sehr heftige Kritiken hervorgerufen, vor allem durch D. Shapere, I. Scheffler und die kritischen Rationalisten.

Wesentlicher Unterschied zwischen Kuhn und Sneed auf der einen Seite sowie deren Opponenten auf der anderen Seite: Für die Opponenten Kuhns stellt eine Theorie ein System von Aussagen dar. Im Modell von Sneed entspricht hingegen eine Theorie einem mengentheoretischen Prädikat. Die von Sneed zur Verfügung gestellten Mittel erlauben es, die *n*ormale Wissenschaft im Kuhnschen Sinne zu erklären; eine Theorie ist demnach immun gegen die Falsifikation und muss nicht immunisiert werden. Aber auch die außerordentliche Forschung

[5] [Kuhn 1976].
[6] [Stegmüller 1973], S. 5.
[7] [Sneed 1971].

(revolutionäre Theorienverdrängung anstelle der Falsifikation) kann durch diese Mittel beschrieben werden.

Nach Stegmüller beinhaltet die Begriffsexplikation des new approach eine mehrfache Rückkopplung, dabei ist ein ständiger Rückgriff auf die intuitive Ausgangsbasis erforderlich:[8]

1. Rückkopplung von Wissenschaftstheorie und Logik. Die Axiomatisierung einer Theorie erfolgt durch die Einführung mengentheoretischer Prädikate. Durch die Verwendung des durch die moderne Modelltheorie zur Verfügung gestellten Instrumentariums wird erst die Formulierung des non-statment view ermöglicht.

2. Rückkopplung von Wissenschaftstheorie und Sprachphilosophie. Beispiel hierfür ist die Abgrenzung von empirischen und nichtempirischen Wissenschaften.

3. Rückkopplung von Wissenschaftstheorie und Einzelwissenschaften. So kann nach Feyerabend eine physiologische Theorie der Wahrnehmung Voraussetzungen erschüttern, auf die sich Aspekte der Theorie der Beobachtungssprache stützen. Weiterhin bilden die Einzelwissenschaften das Objekt der wissenschaftstheoretischen Untersuchungen.

4. Rückkopplung von Wissenschaftstheorie und Wissenschaftsgeschichte. So bieten die historischen Analysen von T.S. Kuhn viele wichtige Einsichten für die Wissenschaftstheorie.

3.2.3 Zentrale Elemente des non-statement view

Die Konzeptionen des non-statement view, die wie der wissenschaftstheoretische Strukturalismus grundlegend von den vorangegangenen

[8] [Stegmüller 1973], S. 10.

Konzeptionen abweichen, weisen nach Ansicht von Stegmüller bestimmte Gemeinsamkeiten auf:[9]

1. Die Axiomatisierung einer Theorie besteht in diesen Konzeptionen in der Definition eines mengentheoretischen Prädikats -„c ist ein S“ , S ist die mengentheoretische Fundamentalstruktur.

2. Die Dichotomie theoretisch - nicht-theoretisch wird nicht auf eine Sprache, sondern auf eine gegebene Theorie bezogen. Die Eigenschaft T-theoretisch nimmt auf eine gegebene Theorie T Bezug. In diesem Sinne sind, bezogen z. B. auf die klassische Partikelmechanik, Kraft und Masse T-theoretisch.

3. Die Fiktion eines universellen Anwendungsgebietes, wonach eine physikalische Theorie über das gesamte Universum spricht, wird preisgegeben zugunsten einer Menge von intendierten Anwendungen. Neben dem Fundamentalgesetz gelten in bestimmten Anwendungen spezielle Gesetze. Zwischen den verschiedenen Anwendungen gelten zusätzlich spezielle Nebenbedingungen (constraints).

4. Die Berücksichtigung dieser Aspekte führt zum zentralen empirischen Satz einer Theorie, der unzerlegbar ist und den gesamten empirischen Gehalt einer Theorie zu einem gegebenen Zeitpunkt darstellt.

5. Die modelltheoretische Bestimmung der für Theorien charakteristischen mathematischen Struktur führt zur Formulierung eines Strukturrahmens (frame) und eines Strukturkerns (core).

6. Die mikrologische Betrachtungsweise wird durch eine makrologische Betrachtungsweise abgelöst. Folgt man der mikrologischen Betrachtungsweise, so sind die Sätze die mikrologischen Atome und Ableitungsbeziehungen zwischen Sätzen sind die Grundrelation.

[9] [Stegmüller 1973], S. 12.

Die Makrologik sieht hingegen modelltheoretische Entitäten als Buchstaben an, z.B. die Klasse der partiellen potenziellen Modelle.

7. Ein weiterer makrologischer Begriff ist der der Reduktion. Er gestattet die Reduktion von Theorien auf andere auch dann, wenn diese in verschiedenen begrifflichen Sprachen formuliert werden. Auf diese Weise kann die Rationalitätslücke geschlossen werden, welche durch die Inkommensurabilitätsthese Kuhns sowie eine ähnliche Theorie der Nichtkonsistenz von Feyerabend formuliert wird.

8. Die These von der Theoriebeladenheit der Beobachtungen lässt sich präzisieren.

9. Die Präzisierung des non-statement view findet einen Abschluss mit der Einführung eines Begriffs des Verfügens über eine Theorie im Sinne von Kuhn. In diesem Sinne werden sowohl die zeitlich stabilen mathematischen Strukturen einer Theorie berücksichtigt wie die zeitlich variierenden Erweiterungen.

10. Die Immunität einer Theorie ist eine triviale Folge - eine Theorie stellt eine Entität dar, von der *f*alsifiziert nicht sinnvoll ausgesagt werden kann. Die Schablone vom rationalen Verhalten des Wissenschaftlers wird so durch einen adäquateren Rationalitätsbegriff ersetzt.

11. Trotz mikrologischer Unvergleichbarkeit wegen grundlegender Verschiedenheit der Begriffsgerüste, welche eine Herleitung der Sätze der einen Theorie aus denen der anderen unmöglich macht, ist ein makrologischer Vergleich möglich, der zwischen Theorieverdrängung ohne Fortschritt und Theorieverdrängung mit Fortschritt unterscheidet.

3.3 Was kennzeichnet eine Theorie?

Die verschiedenen, wissenschaftstheoretischen Schulen lassen sich hinsichtlich ihrer Antwort auf die Frage, was eine wissenschaftliche Theorie *ist*, gegenüberstellen. Im Fall der strukturalistischen Konzeption handelt es sich um einen sog. *non*-statement-view. Hierdurch unterscheiden sich der Strukturalismus und ihm nahestehende, semantische Konzeptionen von den historisch vorangegangenen Modellen.

Für eine Konzeption, die dem *s*tatement-view zugehört, stellt eine Theorie eine Menge von Aussagen dar. Dies lässt sich in folgender Weise formulieren:[10]

> *„(A) Scientific theories are sets of statements; some of which are empirically true or false.“*

Wie von Sneed korrekt angemerkt, handelt es sich hierbei bei genauerer Betrachtung im besten Fall um eine sehr schwache, notwendige Voraussetzung:[11]

> *„Though (A) is usually regarded as plausible, even by proponents of more sophisticated accounts of scientific theories, is not usually regarded as interesting, even by those who believe it to be true. It does not really say anything very explicit about what a scientific theory is like. The set of my random remarks to a companion about the surf, sand, and birds as we walk along the beach is certainly not a scientific theory. At best, (a) is a very weak necessary condition for a scientific theory.“*

Daher stellt sich die Frage danach, in welcher Weise eine Theorie alternativ charakterisiert werden kann. Für einen Strukturalisten

[10] [Sneed 1971], S. 1.
[11] [Sneed 1971], S. 3.

stellt die mathematische Struktur einer Theorie das entscheidende Charakteristikum dar. Genauer formuliert besteht diese Struktur, die eine Klasse von empirischen Aussagen als für eine Theorie konstitutiv ansieht, aus den logischen Relationen zwischen diesen Aussagen:[12]

> *„The logical structure of a set of statements is, roughly speaking, the logical relations (both inductive and deductive) holding among members of the set. Thus, it is alleged that certain relations must hold among members of a set of statements if this set is to be a scientific theory.“*

3.3.1 Rationale Rekonstruktion

In Lehrbüchern der Naturwissenschaften, in unserem Falle solche der Elementarteilchenphysik, findet sich jeweils eine Fülle von empirischen Aussagen, die die untersuchte Theorie konstituieren. Diese empirischen Aussagen stellen Aussagen über die Gegenstände dar, auf die die Theorie angewendet werden soll.

Eine rationale Rekonstruktion einer Theorie verfolgt das Ziel, eine allgemeine und verständliche Formel zu finden, die die in den Publikationen zu dieser Theorie gegebenen empirischen Aussagen sowie die logischen Verhältnisse zwischen diesen zusammenfasst. Die Behauptungen über die Gegenstände, auf die die Theorie angewendet werden soll, werden hierbei als empirische Behauptungen der Theorie bezeichnet.

Sneed definiert diese rationale Rekonstruktion mit den folgenden Worten:[13]

---

[12] [Sneed 1971], S. 2.
[13] [Sneed 1971], S. 3 f.

„With this intuitions about the empirical claims of the theory and the logical relations among them as our starting point, we would like to produce some comprehensive and perspicuous form for exhibiting the claims of this theory and their logical relations. Let us call this a logical reconstruction of the theory, and the activity of attempting to produce it logical reconstruction.“

Die logischen Relationen zwischen den empirischen Behauptungen einer Theorie werden in der strukturalistischen Konzeption durch eine Axiomatisierung der Theorie dargestellt.

3.4 Kernelemente der Rekonstruktion

3.4.1 Theorieelemente

Seit der ersten Formulierung des strukturalistischen Ansatzes[14] wurde eine Vielzahl von Veröffentlichungen publiziert, welche erfolgreich auf die metatheoretische Rekonstruktion verschiedener physikalischer Theorien gemäß strukturalistischem Ansatz zurückgreifen. Beispielhaft seien hier die Rekonstruktion der Thermodynamik[15] sowie die der klassischen Elektrodynamik genannt.[16]

Eine ausführliche Schilderung der strukturalistischen Rekonstruktion erfolgt insbesondere in der *A*rchitektonik.[17] An dieser Stelle sollen lediglich die Grundzüge dieser Rekonstruktion aufgelistet werden.

Die *R*ekonstruktion einer Theorie[18] verfolgt das Ziel, exakt zu bestimmen, welche Aussagen eine Theorie beinhaltet und welche nicht.

[14] [Sneed 1971], [Balzer et al. 1987], [Balzer et al. 1996], [Balzer et al. 2000].
[15] [Moulines 1975], [Moulines 1975 a], [Moulines 1981], [Moulines 1986].
[16] [Bartelborth 1988], [Bartelborth 1993].
[17] [Balzer et al. 1987] Eine instruktive Einführung findet sich weiterhin in [Moulines 2002]
[18] [Mattingly 2005], [Bonilla 2003], [Forge 2002].

Eine rekonstruierte Theorie ist *a*bgeschlossen in dem Sinne, dass ihre Darstellung nicht auf Begriffe zurückgreift, die nicht erklärt werden oder nur mit den Mitteln der Alltagssprache. Alle Bestandteile, die benötigt werden, um ein Modell der Theorie zu formulieren, werden systematisch eingeführt, interpretiert und erläutert.

Eine rekonstruierte Theorie ist in dem Sinne vollständig, als keine ihrer Annahmen nur implizit verwendet werden. Alle Annahmen, die explizit getroffen werden, sind charakteristisch für die Theorie. Obwohl der Strukturalismus auf die Notation der symbolischen Logik zurückgreift, beinhaltet eine Rekonstruktion keine vollständige logische Formalisierung im klassischen Sinne. Die klassische symbolische Notation wird lediglich aufgrund der größeren Klarheit eingesetzt. Die Tatsache, dass sich im Umfeld des Strukturalismus im Gegensatz zur Zweistufenkonzeption eine Vielzahl von konkreten, vollständigen Rekonstruktionen empirischer Theorien finden, lässt sich nicht zuletzt auf diese sogenannte *i*nformale Axiomatisierung zurückführen.

Folgt man dem Strukturalismus, so besteht eine Theorie aus zwei Hauptteilen, einem theoretischen Teil (dem formale Kern K) und einem empirischen Teil (der Menge der intendierten Anwendungen I). Dementsprechend wird eine Theorie (bzw. ein Theorie-Element) T verstanden als ein geordnetes Paar bestehend aus einem Kern K und der Menge der intendierten Anwendungen I.

$$\mathbf{T} = \langle \mathbf{K}, \mathbf{I} \rangle. \tag{3.1}$$

Bei empirischen Theorien von einer ausreichenden Komplexität ist der Kern **K** ein Tupel, bestehend aus 5 Komponenten:

$$K :=< M_p, M, M_{pp}, C, L > . \tag{3.2}$$

Hierbei sind

1. M_p die Menge der *p*otenziellen Modelle (Abschnitt 5.5.2),
2. M die Menge der *a*ktuellen Modelle (Abschnitt 5.4),
3. M_{pp} die Menge der *p*artiellen potenziellen Modelle (Abschnitt 5.8),
4. C die Menge der *C*ontraints (Abschnitt 5.6) und
5. L die Menge der *L*inks (Abschnitt 5.7).

Im weiteren Verlauf dieser Untersuchung werden in Kapitel 5 diese Komponenten für *S*MEP bestimmt.

Die Menge der intendierten Anwendungen I einer empirischen Theorie ist die mengentheoretische Beschreibung von realen Anwendungen, deren Beschreibung die Theorie leisten soll. Der Anspruch einer Theorie besteht darin, dass sie erfolgreich auf alle Elemente der Menge I angewendet werden kann. Diese Konkretisierung dieser Menge erfolgt durch paradigmatische Anwendungen, z. B. historisch bedeutsame Experimente.

3.4.2 Mengentheoretisches Prädikat

Ausgangspunkt der strukturalistischen Theorieninterpretation war ein Ansatz von P. Suppes. Suppes schlug vor, in Anlehnung an die Arbeiten des unter dem Pseudonym *B*ourbaki arbeitenden Mathematikerkollektivs an Stelle formalsprachlicher Methoden informelle mengentheoretische Axiomatisierungsverfahren zu verwenden. Die Axiomatisierung einer Theorie geschieht dabei durch eine Definition eines mengentheoretischen Prädikats der Form

„... ist ein P“.

In der Mathematik wird z.B. die Gruppentheorie axiomatisiert, indem ein mengensprachliches Prädikat „... ist eine Gruppe“ eingeführt wird. Bestimmte Bestandteile im Definiens des fraglichen Prädikats, z.B. die Abgeschlossenheit oder die Assoziativität, sind dann die Axiome. Analog, so der Gedanke von Suppes, kann z.B. die klassische Stoßmechanik axiomatisiert werden, indem das mengentheoretische Axiom

„... ist eine klassische Stoßmechanik“

definiert wird. Im Definiens werden dann die grundlegenden Eigenschaften der Stoßmechnik festgelegt.[19]

3.4.3 T-Theoretizität

Auch hinsichtlich der Interpretation der Unterscheidung zwischen theoretischen und nicht-theoretischen Termen setzt sich die strukturalistische Konzeption deutlich von den vorhergehenden Theorien ab. Dahinter steht der Wunsch, entscheidende Schwachstellen der klassischen Zweistufenkonzeption zu beseitigen. Sneed formuliert seine Interpretation von Theoretizität mit den folgenden Worten:[20]

> *„The function n is theoretical with respect to θ if and only if there is no application i of θ in which n_i is θ-indipendent; n is non-theoretical with respect to θ if and only if there is at least one application i of θ in which n_i is θ-indipendent.“*

Gemäß der klassischen Zweistufenkonzeption handelt es sich bei der Unterscheidung zwischen theoretischen und nicht-theoretischen Termen um eine universal gültige Unterscheidung. Dies erlaubt es nicht,

[19] Siehe 3.5.

[20] [Sneed 1971], S. 33.

historische Änderungen zu erfassen. An die Stelle der Unterscheidung zwischen Beobachtungssprache und theoretischer Sprache tritt in der strukturalistischen Konzeption eine Unterscheidung, die jeweils auf eine einzelne Theorie bezogen ist: Die Unterscheidung zwischen Termen, für deren Bestimmung die Gültigkeit der entsprechenden Theorie bereits vorausgesetzt werden muss und Termen, für die das nicht der Fall ist. Aus diesem Grund spricht man im Hinblick auf eine konkrete Theorie T von T-theoretischen und T-nicht-theoretischen Termen. Die Unterscheidung zwischen theoretisch und nicht-theoretisch wird somit jeweils auf eine konkrete Theorie relativiert.

3.4.4 Ramsey-Sätze

Wie insbesondere in der Diskussion um das Wesen der theoretischen Terme beleuchtet wurde, sind diese mit vielen Problemen verknüpft:[21]

> *„Auch in Bezug auf das Verhältnis von Theorie und realer Wirklichkeit hat Ramsey neuartige Fragen gestellt. Inwiefern kann man sagen, dass ein wissenschaftliches System, welches theoretische Terme enthält, etwas über die reale Welt aussagt? Kann man insbesondere in Bezug auf die durch theoretische Terme bezeichneten Entitäten eine Existenzfrage stellen? Elektronen existieren doch sicherlich nicht in demselben Sinn, in dem man davon spricht, dass der Apfel, den ich in der Hand halte, oder das Haus dort drüben existiert? Lassen sich derartige Begriffe wie der Begriff des Elektrons überhaupt scharf abgrenzen von metaphysischen Begriffen ohne empirischen Gehalt? Ist es zulässig, davon zu sprechen, dass eine wissenschaftliche Theorie die Struktur der Realität beschreibt?“*

[21] [Stegmüller 1970], S. 402.

Es gibt zwei Methoden, um die Problematik der theoretischen Terme zu entschärfen:

1. Man kann die theoretischen Termen schlichtweg aus den untersuchten Theorien entfernen, weil man deren Existenz unabhängig von den Beobachtungen schlichtweg leugnet. So lässt sich, folgt man der ursprünglichen Konzeption des Wiener Kreises, jeder theoretische Term durch kurze oder lange Definitionsketten auf Beobachtungen zurückführen.
2. Man kann diese Terme aber auch behandeln, indem man die Existenz theoretischer Entitäten postuliert, ihre Interpretation jedoch offen lässt.

Die zweite Möglichkeit wird von den sog. Ramsey-Sätzen verkörpert.[22] Grundgedanke der Ramsey-Sätze ist der, die theoretischen Begriffe als existenzquantifizierte Variablen zu interpretieren, deren Bedeutung nicht festgelegt wird.

Dies sei an einem Beispiel erläutert.[23] Es sei T eine Kombination theoretischer Postulate, Z die Konjunktion der Zuordnungsregeln. $t \wedge Z$ sei die interpretierte Theorie. Diese Konjunktion wird als Originaltheorie TZ bezeichnet. In T kommen die theoretischen Terme

$$\tau_1, ..., \tau_n \tag{3.3}$$

vor. Ferner kommen die Beobachtungsterme

$$\omega_1, ..., \omega_k \tag{3.4}$$

vor. Somit ergibt sich für die Theorie

$$TZ\ (\tau_1, ..., \tau_n,\ \omega_1, ..., \omega_k). \tag{3.5}$$

[22] Benannt nach F. P. Ramsey (1903 - 1930).
[23] Siehe [Stegmüller 1970], S. 400 ff.

Die Idee Ramseys besteht nun darin, in einem ersten Schritt in der interpretierten Theorie die Terme $\tau_1, ..., \tau_n$ durch verschiedene Variable $\phi_1, ..., \phi n$ zu ersetzen, die nicht in TZ vorkommen. In einem zweiten Schritt werden diese n Variablen durch gleichnamige Existenzquantoren gebunden:

$$\vee\phi_1, ..., \vee\phi_n \; TZ \; (\phi_1, ..., \phi_n, \; \omega_1, ..., \omega k).xx \tag{3.6}$$

Dieser Satz wird als der *R*amsey-Satz oder als *R*amsey-Substitut TZ^R des Satzes 3.5 bezeichnet. Der Sinn der Operation liegt darin, dass nun für die Variablen $\phi_1, ..., \phi n$ die Gültigkeit des Satzes behauptet wird, ohne hierbei eine Vorgabe für die Interpretation von $\phi_1, ..., \phi n$ zu machen. Die Ramsey-Formel hat die gleiche Struktur wie die Originaltheorie. An den Stellen, an denen diese Formel theoretische Terme enthält, stehen nun jedoch Variablen, die in verschiedener Weise interpretiert werden können.

3.4.5 Modelle

Wie wir gesehen haben, erfolgt die Axiomatisierung einer Theorie durch die Definition eines mengentheoretischen Prädikats der Form

„*... ist ein P*“.

Diejenigen Entitäten, welche das Prädikat P erfüllen, werden als die *M*odelle der betrachteten Theorie bezeichnet. Die Modelle stellen somit den Begriffsumfang bzw. die Extension des Prädikates dar. Die *p*otenziellen Modelle können aus den Modellen durch Weglassen der eigentlich inhaltlichen Axiome der jeweils betrachteten Theorie erzeugt werden. Die potenziellen Modelle erfüllen somit lediglich das Begriffsgerüst der jeweils betrachteten Theorie, sie erfüllen hingegen nicht die inhaltlichen Axiome.

Die *p*artiellen potenziellen Modelle resultieren aus den potenziellen Modellen wiederum durch Weglassen der bezüglich der untersuchten Theorie T T-theoretischen Terme.

3.4.6 Intendierte Anwendungen

Verfolgt man die Entstehungsgeschichte vieler naturwissenschaftlicher Theorien, so wurden diese jeweils formuliert, um damit eine Gruppe von experimentellen Beobachtungen zu beschreiben. Diese Menge von Anwendungsfällen wird in der strukturalistischen Konzeption als die Menge der *i*ntendierten Anwendungen bezeichnet, als die Menge diejenigen Systeme, deren Beschreibung mit der Formulierung der Theorie intendiert wurde.

Folgt man der strukturalistischen Konzeption, so hat eine Theorie keinen universellen Anwendungsbereich. Vielmehr lässt sie sich punktuell auf die einzelnen Elemente der *i*ntendierten Anwendungen beziehen. Unter den *i*ntendierten Anwendungen gibt es als eine Teilmenge die der *p*aradigmatischen Anwendungen. Hiermit sind historisch besonders bedeutende Anwendungen bzw. Experimente zu verstehen.

Zwischen den einzelnen Anwendungen werden in der strukturalistischen Konzeption verschiedene Arten von Verbindungen eingeführt. Bei diesen *C*onstraints handelt es sich um Bedingungen, die beim Übergang von einem Modell zu einem anderen Modell der gleichen Theorie jeweils erfüllt sein müssen, bei der konkreten Rekonstruktion sind dies in vielen Fällen Erhaltungssätze.

Bei den *L*inks handelt es sich um Verknüpfungen zwischen den Modellen verschiedener Theorien. Mit diesen *L*inks wird dem Umstand Rechnung getragen, dass bestimmte Konzeptionen wie Masse, Ladung und Geschwindigkeit keineswegs nur in einer Theorie beschrieben werden. Durch die *L*inks lassen sich verschiedene Theorien zu einem *H*olon verbinden.[24]

[24]Hierzu insbesondere Abschnitt 3.6.

3.5 Beispiel Stoßmechanik CCM

Um die Eigenschaften der Elemente des Theoriekerns zu verdeutlichen, sei an dieser Stelle als Beispiel eine einfache Theorie der Physik erläutert, die Theorie der klassischen Stoßmechanik (CCM). In der klassischen Variante werden Kollisionen beschrieben, indem jedem Teilchen eine Geschwindigkeit vor und nach dem Stoß zugeordnet wird. Über die eigentliche Kollision werden dabei keine Aussagen gemacht, sie wird vielmehr als eine Art von *B*lackbox beschrieben, deren Eingabe die Geschwindigkeiten vor der Kollision und deren Ausgabe die Geschwindigkeiten nach der Kollision sind. Die konkreten Pfade der einzelnen Teilchen sind hierbei nicht von Belang.

Um im Rahmen dieser Theorie eine Kollision zu beschreiben, benötigt man P, eine nicht-leere Menge der kollidierenden Teilchen, eine Menge $\{T = t_1, t_2\}$, bestehend aus zwei Zeitpunkten, einem vor und einem nach der Kollision und schließlich eine Geschwindigkeitsfunktion v, die jedem Teilchen zu jedem Zeitpunkt einen Vektor mit 3 Komponenten zuordnet. Benötigt wird weiterhin eine reelwertige Funktion m, die jedem Teilchen eine Masse zuordnet.

Somit enthält die Beschreibung von CCM 3 Grundmengen:

1. Die Menge P der Teilchen,
2. die Menge T der beiden Zeitmomente,
3. die Menge $\mathbb{R}$ der reellen Zahlen.
4. Weiterhin enthält diese Beschreibung die Relation v, die jedem Teilchen zu jedem Zeitpunkt eine Geschwindigkeit zuordnet,
5. sowie die Relation m, die jedem Teilchen eine Masse zuordnet.

Mit diesen Mengen und Relationen können nun im Rahmen der strukturalistischen Rekonstruktion die potenziellen Modelle der klassischen Stoßmechanik definiert werden.

$M_p(CCM)$: x ist ein potenzielles Modell der klassischen Stoßmechanik
($x \in M_p(CCM)$) gdw. es P, T, v und m gibt, so dass

1. $x =< P, T, \mathbb{R}, v, m >$
2. P ist eine endliche, nichtleere Menge,
3. T enthält exakt 2 Elemente ($T = \{t_1, t_2\}$),
4. $v : P \times T \to \mathbb{R}^3$,
5. $m : P \to \mathbb{R}$ und für alle $p \in P : m(p) > 0$.

Die vollständige Rekonstruktion der klassischen Stoßmechanik erhält man, indem die anderen Elemente des theoretischen Kerns sowie die intendierten Anwendungen benannt werden:

1. Die **a**ktuellen Modelle entstehen aus den potenziellen Modellen durch Hinzufügung des Gesetzes für die Impulserhaltung.
2. Die **p**artiellen potenziellen Modelle entstehen aus den potenziellen Modellen durch Wegnahme der Masse m.
3. Ein Vertreter der Menge der **C**onstraints C ist der Constraint der Erhaltung der Masse.
4. Es lassen sich eine Vielzahl von **L**inks zu den potenziellen Modellen anderer Theorien definieren, z.B. durch die Massenfunktion m.
5. Zu den **i**ntendierten Anwendungen zählen unter anderem Systeme von 2 Billardkugeln.

3.6 Theorienetze, Holons

3.6.1 Theorienetze

Spezialisierung

Die Intention für die Spezialisierung einer Theorie besteht darin, diese auf eine Teilmenge der Anwendungen zu beschränken und dafür ein genaueres Bild zu geben. Die neue Theorie (die Spezialisierung) gibt ein genaueres Bild, sie ist aber zugleich weniger grundlegend.

$$T =< M_p,\ M,\ M_{pp},\ GC,\ GL,\ I > \tag{3.7}$$

$$T' =< M'_p,\ M',\ M'_{pp},\ GC',\ GL',\ I' > \tag{3.8}$$

T und T' sind jeweils idealisierte Theorieelemente (im Gegensatz zu realistischen oder angenäherten Theorieelementen). T' ist dann eine idealisierte Spezialisierung von T (abgekürzt $T'\ \sigma\ T$) gdw:

$$M'_p = M_p,\ M'_{pp} = M_{pp}, \tag{3.9}$$

$$M' \subseteq M,\ GC' \subseteq GC,\ GL' \subseteq GL,\ I' \subseteq I. \tag{3.10}$$

Die Relation σ wird als Spezialisierungsrelation bezeichnet. Ein Beispiel für eine solche Spezialisierung findet sich im Umfeld der klassischen Stoßmechanik. Das grundlegende mengentheoretische Prädikat CCM kann durch Spezialisierungen auf spezielle Arten von Kollisionen zugeschnitten werden. Zwei mögliche Spezialisierungen sind die Mechanik der elastischen Stöße (ECCM) sowie die der vollständig inelastischen Stöße (ICCM).

Theoriennetz

Durch die Relation der Spezialisierung lassen sich verschiedene Theorieelemente zu einem Theorienetz N verbinden. N ist ein idealisiertes Theorienetz[25] gdw. es gibt $\overline{T}$ und σ, s.d.

[25] [Balzer et al. 1987], S. 170 ff.

1. $N \;= <\overline{T}, \sigma>$

2. $\overline{T}$ ist eine endliche Menge, $\overline{T} \neq \emptyset$

3. $\sigma \;\subseteq \overline{T} \times \overline{T}$ist die Spezialisierungsrelation (beschränkt auf $\overline{T}$).

Jedes Theorienetz ist ein Poset (partiell geordnete Menge). Daher ist die Spezialisierungsrelation, die auf einer Menge von Theorieelementen definiert ist, reflexiv, transitiv und antisymmetrisch.

N ist ein verbundenes Theorienetz gdw. es gibt $\overline{T}$ und σ s.d.

1. $N \;= <\overline{T}, \sigma>$ ist ein idealisiertes Theorienetz

2. für alle $T_i, T_j \in \overline{T}$ gibt es $T_{k1}, ..., T_{kn}$ s.d.
   $(T_i \; \sigma \; T_{k1} \vee T_{k1} \; \sigma \; T_i) \wedge ... \wedge (T_j \; \sigma \; T_{kn} \vee T_{kn} \; \sigma \; T_j)$

$N =< T, \sigma >$ ist ein Theorienetz, seine Basis wird wie folgt definiert:

$B(N) =: \{T/T \in \overline{T}$ und für alle $T' \in \overline{T}$, wenn $T \neq T'$, dann nicht $T \sigma T'\}$

Die Elemente von B(N) werden als Basiselemente von B bezeichnet.

N ist ein idealisierter Theoriebaum gdw.

1. N ist ein verbundenes Theoriennetz,

2. B(N) ist ein Singleton.

Ein Beispiel für einen solchen idealisierten Theorienbaum ist das aus CCM,
$ECCM$ und $ICCM$ bestehende Netz, wobei CCM die Basis darstellt. Im Rahmen von SMEP ist ein solcher Theorienbaum gegeben durch die elektroschwache WW, die elektrische und die schwache WW. Die elektroschwache Wechselwirkung ist hierbei die Basis.

3.6.2 Holons

Neben der Spezialisierung stellt die Verknüpfung durch Links eine weitere, wichtige intertheoretische Relation dar. Eine Gesamtheit von Theorieelementen, die jeweils durch Links verbunden sind, wird als *H*olon bezeichnet. Hierbei gilt es zu beachten, dass ein *L*ink jeweils eine Richtung aufweist, durch die gekennzeichnet wird, in welche Richtung die Information fließt.

Für gegebene natürliche Zahlen $i_1, ..., i_n$ bezeichne $\pi(T, i_1, ..., i_n)$ die Menge aller Tupel $< Ri_1, ..., R_{in} >$, für die ein $x \in M_p(T)$ existiert, s.d. für

$j = 1, ..., n : R_{ij} = R^x_{ij}$

L ist ein abstrakter Link[26] zwischen M_p nach M'_p gdw. $L \subseteq M_p \times M'_p$,
L ist ein (konkreter) Link zwischen M_p und M'_p gdw.

1. M_p und M'_p sind Mengen von potenziellen Modellen mit m und m' Relationen,

2. es gibt $i_1, ..., i_s \in \{1, ..., m\}$ und $j_1, ..., j_t \in \{1, ..., m'\}$ s.d.

   2.1 $L \subseteq M_p \times \pi(T, i_1, ..., i_s) \times M'_p \times \pi(T', j_1, ..., j_t)$

   2.2 wenn $< x, < r_1, ..., r_s >, y, < s_1, ..., s_t >> \in L$,

   dann gilt für alle

   $k \leq s$ und $l \leq t$:

   $r_k = R^x_{ik}$ und $s_l = R^y_{jl}$

Beispiel: $< x, < fx >, x', < gx', hx' >>$ bezeichnet ein Element eines Link L, s.d. die Funktion f aus dem Modell x der Theorie T durch L verknüpft ist mit den Funktionen g und h aus dem Modell x' der Theorie T'.

[26] [Balzer et al. 1987], S. 61 ff.

Ein Holon[27] ist definiert als eine Menge von durch Links verknüpften Theorieelementen, die durch einige weitere Eigenschaften spezifiziert wird:

H ist ein Holon gdw. es gibt N und λ s.d. $H = < N, \lambda >$ und

1. $\emptyset \neq N$ ist eine Menge von Theorieelementen,
2. $\lambda : N \times N \rightarrow \bigcup \{\mathfrak{P}(M_p(T) \times M_p(T'))/T, T' \in N\}$ ist eine partielle Funktion.
3. Für alle T, T' gilt: wenn $< T, T' > \in Dom(\lambda)$, dann $\lambda(T, T') \subseteq M_p(T) \times M_p(T')$.
4. Wenn N mehr als ein Elemente enthält, dann gibt es für alle $T \in N$ ein $T' \in N$, s.d. $< T, T' > \in Dom(\lambda)$ oder $< T', T > \in Dom(\lambda)$.
5. Für alle T, T', T'': wenn $< T, T' > \in Dom(\lambda)$ und $< T', T'' > \in Dom(\lambda)$, dann $< T, T'' > \in Dom(\lambda)$.

Für gegebene $T, T^{'} \in N$ gibt es mindestens einen Link von T nach $T^{'}$. Da λ eine partielle Funktion ist, kann es auch Paare von Theorieelementen geben, die nicht durch einen Link verknüpft sind.

Zwischen den Theorien, die durch das Standardmodell zusammengefasst werden, existiert vermutlich eine Vielzahl von Links, sobald die Rekonstruktionen dieser Theorien formuliert vorliegen.[28]

3.7 Historisch bedeutsame Rekonstruktionen

Zum Ende dieses Kapitels seien einige der bedeutendsten strukturalistischen Rekonstruktionen der letzten Jahrzehnte genannt:[29]

[27] [Balzer et al. 1987], S. 389 ff.

[28] Zum Themenkomplex Theoriennetze und Holons siehe insbesondere [Moulines 1984].

[29] Eine ausführliche Erläuterung paradigmatischer Rekonstruktionen von Theorien aus verschiedensten Forschungsgebieten findet sich in [Balzer et al. 2000].

1. Thermodynamik: C. U. Moulines (1975),[30]
2. Psychologie: Westermann (1987),[31]
3. Elektrodynamik, Allgemeine Relativitätstheorie: T. Bartelborth (1988, 1993),[32]
4. Periodensystem: Hettema, Kuipers (1988),[33]
5. Biologie: P. Lorenzano (1995),[34]
6. Quantenfeldtheorie: M. Rotter (2000),[35]
7. Volkswirtschaftslehre: A. Alparslan (2006).[36]

[30] [Moulines 1975], [Moulines 1975 a].
[31] [Westermann 1987].
[32] [Bartelborth 1988].
[33] [Hettema et al. 1988].
[34] [Lorenzano 1995].
[35] [Rotter 2000].
[36] [Alparslan 2006].

3.8 Kritik am Strukturalismus

Betrachtet man die formulierten Kritiken am Strukturalistischen Ansatz, so beziehen sich viele Kritiken auf den komplexen Formalismus dieses Ansatzes.[37] Nun ist sicher einzuräumen, dass der ausformulierte strukturalistische Ansatz einen sehr umfassenden formalen Apparat aufweist. Zu kritisieren wäre dies allerdings nur dann, wenn dieser Apparat nicht zugleich ein differenziertes Instrumentarium für die konkrete Analyse von einzelwissenschaftlichen Theorien darstellte. Solange dies nicht nachgewiesen ist, kann der komplexe Formalismus allein schwerlich als Kritikpunkt dienen.

Unter den grundlegenderen Kritiken wird im Folgenden beispielhaft die Kritik an der Interpretation des Falsifikationismus im Rahmen des Strukturalismus eingehender erläutert.[38] Zu beachten gilt es dabei

---

[37] So unter anderem H. Albert im Nachwort zu [Kim 1991]:
„Diese Untersuchung kommt zum Resultat, dass die strukturalistische Konzeption, die als Alternative zum Falsifikationismus angeboten wird, der Kritik nicht standhält [...] der überzogene Formalismus, der mit dieser Konzeption verbunden ist, scheint viele Theoretiker zu beeindrucken, die nicht in der Lage sind, ihre Schwächen zu erkennen“.

[38] Erwähnt sei an dieser Stelle auch die Diplomarbeit von B. Klein. Benedikt Klein bezieht sich in seiner Diplomarbeit auf die strukturalistischen Rekonstruktionen von psychologischen Theorien durch H. Westmeyer und R. Westermann. Diese strukturalistischen Rekonstruktionen hält Klein für nicht angemessen ([Klein 1995], S. 164):

> *„Der Neue Strukturalismus steht in der Tradition von Carnap und ist somit eine moderne, hochformalisierte Form des logischen Empirismus. Der Neue Strukturalismus hält, wie der logische Empirismus, an der empiristischen Grundthese fest, nach welcher theoretische Terme nur partiell interpretierbar sind und daher auf Erfahrung zurückgeführt werden müssen. Und genau daraus ergeben sich die angeblichen Probleme, die der Strukturalismus lösen will. Denn statt anzuerkennen, dass das empiristische Grundprinzip unhaltbar ist, konstruiert Stegmüller mit Hilfe von Sneeds Theoreti-*

den explizit *instrumentalistischen* Grundzug des Strukturalismus. Dieser instrumentalistische Grundzug ist so zu verstehen, dass in dem strukturalistischen Formalismus ein Werkzeug angeboten wird, welches die konkrete, vollständige Rekonstruktion einzelwissenschaftlicher Theorien erlaubt.

Bo-Hyun Kim greift in seiner Untersuchung vorwiegend die Interpretation des Falsifikationismus durch den Strukturalismus an:

> *„In seiner Kritik des Falsifikationismus geht Stegmüller mit Kuhn davon aus, dass die methodologische Bedeutung einer Falsifikation darin besteht, eine falsifizierte Theorie unverzüglich ein für alle Mal aufzugeben und durch eine neue zu ersetzen. Er nimmt also an, dass laut dem Falsifikationismus im Fall einer Falsifikation keine „mildere“Änderungsmaßnahme der theoretischen Modifikation erlaubt ist [...] Wir haben aber im vorigen Abschnitt ausgeführt, dass der Falsifikationismus auch der “milderen” Änderungsmaßnahme Rechnung trägt. folglich wird die strukturalistische Kritik des Falsifikationismus, die auf dieser Annahme beruht, als gegenstandslos zurückgewiesen.“*

> *zitätskriterium den Strukturalismus. Dieses führt jedoch in einen epistemologischen Zirkel, aus welchem die ihrerseits problematische Ramsey-Lösung herausführen soll. Somit sind die Probleme, die der Strukturalismus sieht und zu lösen vorgibt, nahezu allesamt hausgemacht und sind keineswegs allgemeine wissenschaftstheoretische Probleme.“*

Grundlegend räumt Klein ein, dass der Strukturalismus exakt darlege, welchen Begriff von Theorie er hat. In der Arbeit von Klein, in welcher die Konzeption des Strukturalismus sehr ausführlich und weitgehend korrekt dargestellt wird, wird die Hauptschwäche des Strukturalismus darin vermutet, dass dieser immer noch in den Grundannahmen des received views verwurzelt ist. Weiterhin ist Klein der Ansicht, dass im Fall der Psychologie immer auch hermeneutische Aspekte berücksichtig werden müssen.

Kim[39] sieht die Hauptmotivation des Strukturalismus darin, das vermeintlich holzschnittartige Vorgehen der Falsifikationisten durch die wesentlich elegantere Modifizierung der Menge der intendierten Anwendungen zu ersetzen. Hierbei liege jedoch eine Fehlinterpretation des Falsifikationismus vor, da in diesem durchaus eine stufenweise Modifikation einer Theorie möglich sei.

[39] [Kim 1991], S. 116.

4 Das Problem der theoretischen Terme

4.1 Überblick

Ein wesentliches Element der strukturalistischen Konzeption stellt die Interpretation der Theoretizität dar. Folgt man dieser Konzeption, so wird die Unterscheidung zwischen theoretischen und nicht-theoretischen Termen in jeder Theorie anders getroffen. Ein Term wie z.B. *M*asse kann demnach in einer Theorie theoretisch, in einer anderen Theorie hingegen nicht-theoretisch sein.

Eine zentrale Frage im Kontext der strukturalistischen Interpretation von *S*MEP ist die nach der Existenz von theoretischen Termen. In diesem Kapitel wird daher kurz die Interpretation der Theoretizität im 20. Jahrhundert rekapituliert, um vor diesem Hintergrund in der Rekonstruktion von *S*MEP eine sichere Aussage hinsichtlich der Existenz von t-theoretischen Termen in *S*MEP treffen zu können.

Ausgangspunkt sind hierbei die Arbeiten des sog. *l*og. Empirismus. In diesen Arbeiten wurde als Kriterium für die Sinnhaftigkeit einer jeden Aussage die Möglichkeit einer vollständigen Rückführung auf die Empirie angegeben. Demnach muss jede Aussage, die sich nicht vollständig auf eine empirische Beobachtung zurückführen lässt, als metaphysisch und damit als inhaltsleer verworfen werden. Es sollte sich jedoch schon bald herausstellen, dass bei einem derart restriktiv gewählten Kriterium ein Gutteil der damals bekannten naturwissenschaftlichen Aussagen als metaphysisch verworfen werden müsste.

Daher wurde in einem zweiten Schritt die sog. Zweistufenkonzeption formuliert. Nach dieser Konzeption gibt es neben denjenigen Termen, die sich direkt auf die Empirie zurückführen lassen, eine weitere Gruppe von Termen, die sich anhand von Korrespondenzregeln indirekt auf Beobachtungen beziehen lassen. Ein zentraler Mangel dieser Zweistufenkonzeption liegt darin, dass in ihr die theoretischen Terme lediglich negativ bestimmt werden, also als solche Terme, die nicht direkt einer Beobachtung zugeordnet werden können.

Um diesen Mangel zu beheben, wurde in der Folgezeit eine Vielzahl verschiedener Theoretizitätskriterien - darunter auch die strukturalistischen - mit dem Ziel formuliert, die theoretischen Terme konkret beschreiben und damit von den empirischen Termen unterscheiden zu können.

4.2 Theoretische Terme in den Naturwissenschaften

Betrachtet man die typischen Aussagen einer naturwissenschaftlichen Theorie, so zeichnen sich diese in der Regel dadurch aus, dass in ihr unmittelbar beobachtbare Größen mit abstrakten Gegenständen in Verbindung gesetzt werden. Ein Beispiel hierfür ist die folgende Aussage:

> *„Wenn ich einen Stein in die Höhe hebe, erhöht sich dadurch seine potenzielle Energie“.*

In dieser Aussage wird ein gewöhnlicher Stein, den ein Beobachter im Alltag wahrnimmt, verknüpft mit dem Begriff der Energie, hinter dem eine umfassende physikalische Konzeption steht. Begriffe wie der der Energie werden im Weiteren als *t*heoretischer Term bezeichnet. In analoger Weise wird in der Themodynamik die Anordnung von farbigen Bällen in einer Kiste mit dem Ausdruck der Entropie verbunden.

Am Beispiel des theoretischen Terms *E*nergie lassen sich bereits verschiedene Aspekte beobachten. So stellt sich die Frage, ob sich die Energie direkt beobachten oder nur indirekt mit Beobachtungen in Verbindung bringen lässt. Weiterhin gilt es zu klären, inwiefern Energie tatsächlich *e*xistiert.

Beginnend mit den Arbeiten des Wiener Die Bosonen in strenger Interpretation stellt die Frage nach dem Zusammenhang von unmittelbar beobachtbaren Dingen und abstrakten Entitäten, die im Zusammenhang mit diesen stehen, einen wichtigen Teil der wissenschaftstheoretischen Diskussion des 20. Jahrhunderts dar. Da insbesondere in der aktuellen Elementarteilchenphysik eine Vielzahl von abstrakten Gegenständen und Eigenschaften wie Neutrinos sowie die Farbladung der Quarks beschrieben wird, stellt sich auch in dem Zusammenhang mit einer wissenschaftstheoretischen Interpretation von *S*MEP diese Frage mit hoher Dringlichkeit.

4.3 Der logische Empirismus.

Einige der bedeutendsten Autoren des logischen Empirismus waren zugleich Mitglieder des *W*iener Kreises.[1] Bei dieser Gruppierung[2]

[1]Eine gewisse Nähe des Strukturalismus zum Kernanliegen des Wiener Kreises wird in der folgenden Einschätzung deutlich [Kühne 1999], S. 1781:

> *„Die Wth. des deutschsprachigen Raums der Nachkriegszeit hat sich in einige Schulen gruppiert [...] Die Unterschiede der Schulen liegen in der jeweiligen Verortung der einheitsstiftenden Theorie:*
> *(a) Dem Programm des Wiener Kreises am nächsten liegt hier der Strukturalismus (ohne Beziehung zum französischen Strukturalismus)."*

[2]Hierzu insbesondere [Stadler 1997], [Haller 1993].

handelte es sich um einen losen Zirkel von Naturwissenschaftlern, Philosophen und Mathematikern, der sich jeweils donnerstags in der Privatwohnung von Moritz Schlick traf, um dort verschiedenste Fragen im Umfeld der Grundlagen der Naturwissenschaften zu erörtern. Die Wirkmächtigkeit dieser Diskussionsrunde kann nicht groß genug eingeschätzt werden. So lassen sich weite Teile der Analytischen Philosophie des 20. Jahrhunderts auf diese Runde zurückführen.[3]

Folgt man der Konzeption des Wiener Kreises aus dem Manifest,[4] so ist die Geltung einer jeden sinnvollen Aussage zumindest theoretisch anhand der Erfahrung zu ermitteln. Die Möglichkeit der Verifizierung einer Aussage verkörpert somit den Sinn der Aussage. Dieser Grundsatz wird gewöhnlich als das empiristische Sinnkriterium bezeichnet, so bei Waismann:[5]

> *„Eine Aussage beschreibt einen Sachverhalt. Der Sachverhalt besteht oder er besteht nicht. Ein Mittelding gibt es nicht, und daher gibt es auch keinen Übergang zwischen*

[3]Zur Einschätzung des Einflusses des Wiener Kreises auf die Entwicklung der Philosophie des 20. Jahrhunderts siehe die Einleitung in [Stöltzner et al. 2006].

[4]Das *M*anifest stellt eine programmatische Schrift dar, in welchem die Philosophie sowie die Arbeitsweise dieser Gruppe beschrieben wird:

> *„Anfang 1929 erhielt Moritz Schlick einen sehr verlockenden Ruf nach Bonn. Nach einigem Schwanken entschloss er sich, in Wien zu bleiben. Ihm und uns wurde bei dieser Gelegenheit zum erstenmal bewußt, daß es so etwas wie einen »Wiener Kreis« der wissenschaftlichen Weltauffassung gibt, der diese Denkweise in gemeinsamer Arbeit weiterentwickelt. Dieser Kreis hat keine feste Organisation; er besteht aus Menschen gleicher wissenschaftlicher Grundeinstellung; der einzelne bemüht sich um Eingliederung, jeder schiebt das Verbindende in den Vordergrund, keiner will durch Besonderheit den Zusammenhang stören. In vielem kann der eine den anderen vertreten, die Arbeit des einen kann durch den anderen weitergeführt werden.“*

[5][Waismann 1930], S. 47.

> *wahr und falsch. Kann auf keine Weise angegeben werden, wann ein Satz wahr ist, so hat der Satz überhaupt keinen Sinn; denn der Sinn eines Satzes ist die Methode seiner Verifikation [...] Eine Aussage, die nicht endgültig verifiziert werden kann, ist überhaupt nicht verifizierbar; sie entbehrt jedes Sinnes.*“

Diese Konzeption[6] postuliert somit, dass jeder sinnvolle, nichtlogische Begriff zumindest prinzipiell auf die unmittelbare Erfahrung zurückgeführt werden kann. Alle Begriffe, für die dies nicht der Fall ist, werden als metaphysisch bezeichnet, die Aussagen, in denen diese Begriffe vorkommen, als sinnlos.

Es sollte sich bereits nach kurzer Zeit erweisen, dass sich die globale Reduktion aller Aussagen auf sinnliche Wahrnehmungen nicht durchhalten lässt. Ein erstes Indiz dafür, dass das verifikationistische Kriterium zu eng ist und daher die tatsächliche Struktur wissenschaftlicher Sprachen nicht korrekt wiedergibt, lieferten die Dispositionsbegriffe, somit Begriffe wie *b*rennbar oder *z*erbrechlich. Wie sich bei

---

[6]Ein Ansatz, der eine Variante hierzu darstellt, ist der physikalistische Ansatz von Neurath [Neurath 1979]. Nach dieser Konzeption bilden die sog. Protokollsätze die Basis wissenschaftlicher Aussagen. In den Protokollsätzen wird ein unmittelbar beobachtetes Ereignis unter Angabe von Ort und Zeit festgehalten. Aus der Verallgemeinerung dieser Sätze lasen sich dann Hypothesen und Gesetze formulieren.

Eine weitere, prominente Alternative zum skizzierten Ansatz der logischen Empiristen stellt der *O*perationalismus dar (siehe hierzu u.a. den Artikel *O*perationalismus [Brückner 2010]). Diese Konzeption wurde insbesondere von P. W. Bridgman vertreten [Bridgman 1927]. In diesem Ansatz vertreten die *O*perationen die Funktion der Protokollsätze. Der Terminus *O*perationalismus bezeichnet in der Wissenschaftstheorie im Anschluss an P.W. Bridgmans klassisches Werk eine antirealistische Position, gemäß der sich die Begriffe in wissenschaftlichen Theorien nicht auf Objekte beziehen, sondern auf Verfahren, mit denen Eigenschaften dieser Objekte bestimmt werden können. Begriffe, für die solche entsprechenden Verfahren nicht benannt werden können, werden in dieser Konzeption als wertlos eingestuft.

einer eingehenden Analyse zeigt,[7] können diese Begriffe zu Paradoxien führen.

Zum Beispiel kann die Zerbrechlichkeit einer Vase in der folgenden Weise definiert werden: „Eine Vase x ist dann zerbrechlich, wenn gilt: Wenn x auf den Boden fällt, dann zerbricht sie in viele Einzelteile“oder formal:

$$Z(x) = (A(x) \to B(x)). \tag{4.1}$$

Da eine Implikation auch dann wahr ist, wenn ihre Voraussetzungen falsch sind, ist ein Gegenstand auch dann zerbrechlich, wenn man ihn gar nicht auf den Boden wirft. Somit sind alle Gegenstände zerbrechlich. Dispositionsprädikate stellen somit ein Beispiel für theoretische Terme dar, die sich nicht vollständig auf Beobachtungen reduzieren lassen.

Neben der speziellen Thematik der Dispositionsbegriffe ergibt sich allgemein im Zusammenhang mit der von den logischen Empiristen geforderten vollständigen Verifikation eines Satzes durch Rückführung auf Beobachtungen eine weitere Problematik durch die logische Struktur der Naturgesetze: Die für die Naturwissenschaften relevanten Gesetze sind üblicherweise allquantifiziert. Um ein Gesetz wie in dem Zitat von Waismann gefordert endgültig zu verfizieren, müsste man den Ausgang einer unendlichen Menge von Experimenten auswerten, was weder interessant noch möglich ist.

Einen Ausweg aus diesem Dilemma bietet der Ansatz von K. R. Popper. Im Unterschied zu der unter anderem im Manifest geforderten Verifikation mit dem Ziel, wissenschaftlich gehaltvolle von sinnlosen Aussagen zu trennen, fordert Popper vielmehr eine Falsifikation. Eine Falsifikation bezeichnet in diesem Zusammenhang die Widerlegung einer Theorie durch die Beobachtung. Hierfür wird entsprechend

[7]Eine eingehende Untersuchung der Problematik der Dispositionsprädikate findet sich in [Stegmüller 1970].

vorausgesetzt, dass wissenschaftliche Theorien so formuliert sind, dass sie an der Erfahrung scheitern können und daher auch dieser ausgesetzt werden.

Eine Verfeinerung des falsifikationistischen Ansatzes stellt die Konzeption von I. Lakatos dar (Imre Lakatos (1922 - 1974). Lakatos erkannte einige der Schwachstellen der Arbeiten von Popper und versuchte, dessen Ansatz zu verfeinern.

Ein offensichtlicher Mangel der falsifikationistischen Konzeption nach Popper liegt darin, dass keine Aussage darüber getroffen wird, welcher Teil einer Theorie falsifiziert wird, oder anders gesagt, aufgrund welcher *S*chwachstellen eine Theorie als gescheitert angesehen wird. Diesem Umstand wird in der Konzeption von Lakatos Rechnung getragen, indem nunmehr nicht einzelne Hypothesen oder Theorien als axiomatisierte Mengen von Hypothesen falsifiziert, sondern vielmehr zusammenhängende Mengen von Theorien als relevante Gegenstände der Untersuchung auf ihre Konsistenz hin untersucht werden ([Lakatos 1970], S. 130):

> *„This argument alone would be enough to show the correctness of the conclusion, which we drew from a different earlier argument, that experiments do not simply overthrow theories, that no theory forbids a state of affairs specifiable in advance. It is not that we propose a theory and Nature may shout no; rather, we propose a maze of theories, and Nature may shout INCONSISTENT.“*

Lakatos bezeichnet seine Konzeption als „Methodologie der wissenschaftlichen Forschungsprogramme“. als „Forschungsprogramm“wird dabei das in dem obigen Zitat erwähnte Theoriennetz bezeichnet. Ein Forschungsprogramm besteht aus einer Abfolge von Theorien, die einen gemeinsamen *h*arten Kern sowie eine *w*eiche Hülle aufweisen. Unter dem harten Kern versteht Laudan zentrale Annahmen sowie fundamentale Grundsätze einer Theorie. Um diesen harten Kern herum liegt eine Schicht von Randbedingungen, Hilfsannahmen und Randbedingungen. Diese *w*eiche Hülle dient als Schutzgürtel (*p*rotective belt): Sie schützt den harten Kern eines Forschungsprogramms gegen Widersprüche zwischen diesem und empirischen Beobachtungen oder Messergebnissen.

Weiterhin gehören zu den Forschungsprogrammen die Regeln der negativen und positiven Heuristik. Die *n*egative Heuristik erfordert, dass der harte Kern eines Forschungsprogramms so lange wie möglich gegen Angriffe durch widerstreitende Beobachtungen bzw. Messergebnisse immunisiert wird. Die *p*ositive Heuristik gibt Anleitungen dazu, wie genau dieses gewährleistet wird: Durch Anleitungen, die es ermöglichen, die weiche Hülle zu verändern, ohne dass sie ihre Schutzfunktion verliert.

Die weiche Hülle ermöglicht es somit, ein Forschungsprogramm auch dann weiter zu verfolgen, wenn sich Anomalien und widerstreitende empirische Befunde häufen. *P*rogressiv heißt dabei ein Forschungsprogramm dann, wenn jede Theorie dieses Theorienetzes nicht nur alle Erklärungen der vorangegangenen Theorie bestätigt, sondern darüber hinaus auch weitere Voraussagen treffen kann, die empirisch bestätigt werden. *D*egenerativ heißt demnach ein Forschungsprogramm, bei dem dies nicht der Fall ist.

4.4 Die Zweistufenkonzeption

Einen weiteren wichtigen Aspekt der Arbeiten des Wiener Kreises stellt gemäß dem Manifest die Suche nach einem Konstitutionssystem dar. Ziel ist es dabei, letzten Endes jede Aussage auf konkrete Beobachtungen zurückzuführen ([Manifest 1929], S. 15):

> *„Da der Sinn jeder Aussage der Wissenschaft sich angeben lassen muß durch Zurückführung auf eine Aussage über das Gegebene, so muß auch der Sinn eines jeden Be-*

> *griffs, zu welchem Wissenschaftszweige er immer gehören mag, sich angeben lassen durch eine schrittweise Rückführung auf andere Begriffe, bis hinab zu den Begriffen niederster Stufe, die sich auf das Gegebene selbst beziehen. Wäre eine solche Analyse für alle Begriffe durchgeführt, so wären sie damit in ein Rückführungssystem, »Konstitutionssystem«, eingeordnet [...] Die Untersuchungen der Konstitutionstheorie zeigen, daß zu den niedersten Schichten des Konstitutionssystems die Begriffe eigenpsychischer Erlebnisse und Qualitäten gehören; darüber sind die psychischen Gegenstände gelagert; aus diesen werden die fremdpsychischen und als letzte die Gegenstände der Sozialwissenschaften konstituiert [...] Mit dem Nachweis der Möglichkeit und der Aufweisung der Form des Gesamtsystems der Begriffe wird zugleich der Bezug aller Aussagen auf das Gegebene und damit die Aufbauform der Einheitswissenschaft erkennbar.“*

Explizit ausgeführt wird dieser Aufbau eines Konstitutionsystems im Werk von R. Carnap ([Carnap 1998], S. XVIII:

> *„In meinem Buch handelte es sich um die genannte These, daß es grundsätzlich möglich sein soll, alle Begriffe auf das unmittelbar Gegebene zurückzuführen. Die Aufgabe, die ich mir stellte, war aber nicht die, zu den zahlreichen allgemein-philosophischen Argumenten, die man bisher für diese These angegeben hatte, noch weitere hinzuzufügen. Vielmehr war meine Absicht, zum ersten Mal den Versuch zu unternehmen, ein Begriffssystem der behaupteten Art wirklich aufzubauen: also zunächst einige einfache Grundbegriffe zu wählen, etwa Sinnesqualitäten und Beziehungen, die in den unverarbeiteten Erlebnissen vorzu-*

finden sind, und dann auf dieser Grundlage Definitionen für weitere Begriffe verschiedener Art aufzustellen.“

Wie gezeigt wurde, erwies sich aus einer Vielzahl von Gründen die von den logischen Empiristen postulierte, vollständige empirische Verifikation von naturwissenschaftlichen Aussagen als nicht durchführbar. Nach mehreren gescheiterten Versuchen, die Probleme durch eine Modifikation der ursprünglichen Ansatzes zu beseitigen, kam es schließlich zur Formulierung der Zweistufenkonzeption.[8] Danach müssen im Gegensatz zur Konzeption des *M*anifestes nicht mehr alle Begriffe einer wissenschaftlichen Theorie einer unmittelbaren Beobachtung zugänglich sein. Vielmehr treten in dieser Konzeption neben die Beobachtungsbegriffe, bei denen anhand von Wahrnehmungen darüber entschieden werden kann, ob der behauptete Sachverhalt wirklich besteht, sogenannte *t*heoretische Begriffe, die durch die Aussagen der jeweiligen Theorie charakterisiert und dabei nur mittelbar über Korrespondenzregeln mit der Beobachtung verbunden werden.

[8]In den 50er Jahren des vergangenen Jahrhunderts bildete die Zweistufenkonzeption zusammen mit dem Deduktiv-Nomologischen Modell (DN) nach Hempel das weithin akzeptierte „Standardmodell der Wissenschaftstheorie“. Dieses Modell (formuliert in [Hempel 1948]) besagt, dass alle wissenschaftlichen Erklärungen eine einheitliche Gestalt aufweisen. Dies ist durch 4 Eigenschaften charakterisiert:

1. In wissenschaftlichen Erklärungen werden besondere Phänomene unter allgemeine Naturgesetze subsumiert, so dass sich unter Berücksichtigung der jeweiligen spezifischen Randbedingungen die Beschreibungen dieser Beobachtungen durch logischen Schluss aus den Allgemeinsätzen ergeben.

2. Unter den erklärenden Annahmen oder unter dem Explanans muss mindestens ein Naturgesetz wesentlich enthalten sein (d.h., die Erklärung würde durch ein Streichen dieses Naturgesetzes ungültig).

3. Das Explanans muss empirisch prüfbar sein.

4. Das Explanans muss wahr empirisch gut bestätigt sein.

Die Formulierung der Zweistufenkonzeption stellt eine Absage an das ursprüngliche reduktionistische Programm des logischen Empirismus dar. Ziel dieser Konzeption ist es, die Grundgedanken des Wiener Kreises zu bewahren, ohne dabei ungewollt einen Großteil wissenschaftlicher Terme wie „Elektron“und „Entropie“als metaphysisch auszuschließen.

Nach dieser Konzeption gliedert sich die Sprache, in der jeweils eine empirische Theorie formuliert wird, in ein logisches Vokabular S_L, in die Beobachtungsterme S_B sowie die theoretischen Terme S_T. Die Beobachtungsterme referieren auf unmittelbar beobachtbare Eigenschaften oder Relationen. Diese müssen also ohne Instrumente und Hilfsgeräte beobachtbar sein.

Demgegenüber zeichnen sich die theoretischen Terme dadurch aus, dass sie sich nicht auf unmittelbar wahrnehmbare Dinge beziehen. Gegenüber dem ursprünglichen Ansatz des logischen Empirismus wird so vermieden, dass Entitäten wie „Gene“oder „Quarks“aufgrund ihrer Nichtbeobachtbarkeit als metaphysisch eingestuft werden. Während die Beobachtungsterme im ursprünglichen Ansatz sich vollständig durch Beobachtungen definieren lassen, sind die theoretischen Terme im Rahmen der Zweistufen-Konzeption nur jeweils im Kontext, somit partiell interpretierbar. Über die sogenannten Korrespondenzregeln erhält ein theoretischer Term seine Bedeutung von den Beobachtungstermen. Korrespondenzregeln sind dabei Sätze, die sowohl theoretische Terme als auch Beobachtungsterme enthalten. Beispiele hierfür sind Messvorschriften und operationale Definitionen.[9]

Die Trennung der beiden Ebenen wird von F. Suppe mit folgenden Worten beschrieben:[10]

[9]In operationaler Weise lassen sich unter anderem Dispositionsbegriffe wie zerbrechlich befriedigend definieren.

[10][Suppe 1972].

> „*Scientific theories are developed to explain or predict events which can be observed: however, for reasons of simplicity, scope and economy, such theories typically must employ theoretical entities or constructs in providing these explanations or predictions: these theoretical constructs are not directly observable. Accordingly, in any theoretical explanation or prediction one finds two sorts of sentences: (a) various premises the truth of which is nonproblematic in virtue their being confirmed by direct observation; (b) laws the truth of which is problematic since they cannot be confirmed by direct observation. And the observational-theoretical distinction is needed to keep distinct the different statuses of these two kinds of sentences.*“

4.4.1 Die Theoriebeladenheit der Beobachtung

Grundlegende Voraussetzung für die Gültigkeit der Zweistufenkonzeption ist, dass es zwei eindeutig separierte Ebenen gibt, die Ebene der Beobachtungen und die Ebene der Theorie. Von verschiedenen Autoren wurde nach der Ausformulierung der Zweistufenkonzeption genau diese Voraussetzung in Frage gestellt. Es handelt sich bei dieser Annahme der *T*heoriebeladenheit der Beobachtung insofern um einen fundamentalen Angriff auf die Zweistufenkonzeption. Pointiert wird die Frage der Theoriebeladenheit von N. R. Hanson zugespitzt:[11]

> „*Let us consider Johannes Kepler: imagine him on a hill watching the dawn. With him is Tycho Brahe. Kepler regarded the sun as fixed: it was the earth that moved. But Tycho followed Ptolemy and Aristotle in this much at least: the earth was fixed and all other celestial bodies*

[11] [Hanson 1958], S. 5.

moved around it. Do Kepler and Tycho see the same thing in the east at dawn?"

Für Hanson stellt sich somit die Frage, ob Johannes Kepler und Tycho Brahe wirklich das gleiche sehen, wenn sie in dieser konstruierten Szenerie die Morgendämmerung beobachten. Folgt man dem Ansatz der *T*heoriebeladenheit der Beobachtung, so existiert keine elementare, uninterpretierte Beobachtung. Vielmehr weist eine Beobachtung immer schon eine Interpretation durch eine wie auch immer geartete Theorie auf. Hanson versucht seine These zu untermauern, indem er Abbildungen beschreibt, die in verschiedener Weise interpretiert werden können wie die eines Vogels, die auch als Abbildung einer Antilope interpretiert werden kann.

Für derartige Beispiele der elementaren Beobachtung ohne Werkzeug kann man diesen Einwänden noch relativ leicht begegnen.[12] Sobald es jedoch um Beobachtungen unter Zuhilfenahme von Instrumenten oder Werkzeugen geht, erhalten diese Einwände durchaus Gewicht. So nimmt im Kontext der Elementarteilchenphysik ein erfahrener Experimentator ein Muster auf einem Bildschirm im Rechnerraum des CERN in Genf sicher in anderer Form wahr als dies für einen Besucher der Fall ist, der sich in seinem bisherigen Leben noch nicht mit Teilchenphysik befasst hat.

4.5 Grundeigenschaften eines Theoretizitätskriteriums

Als einer der zentralen Kritikpunkte an der Zweistufenkonzeption sollte sich die Charakterisierung der theoretischen Termen erweisen. Wie bereits gezeigt wurde, werden die theoretischen Terme üblicher-

[12] In [Andreas 2007], S. 191 ff.

weise lediglich negativ charakterisiert, somit als dasjenige, was nicht beobachtet wird. Dies wird unter anderem von Putnam kritisiert:[13]

> *„but can we agree that the complementary class - what should be called the 'non-observational terms' - is to be labelled 'theoretical terms'? No, for the identification of 'theoretical term' with 'term (other than the 'disposition terms', which are given a special place in Carnap's scheme) designating an unobservable quality' is unnatural and misleading. On the one hand, it is clearly an enormous (and, I believe, insufficiently motivated) extension of common usage to classify such terms as 'angry', 'loves', etc. as 'theoretical terms' simply because they allegedly do not refer to public observables. A theoretical term, properly so-called, is one which comes from a scientific theory (and the almost untouched problem, in thirty years of writing about 'theoretical terms' is what is really distinctive about such terms). In this sense (and I think it the sense important for discussions of science) 'satellite' is, for example, a theoretical term [...] and 'dislikes' clearly is not.“*

Die Zweistufenkonzeption stellt gegenüber dem Ansatz einer empirisch vollständig gedeuteten Wissenschaftssprache unzweifelhaft einen Fortschritt dar. So sind nun z.B. die im Zusammenhang mit den Dispositionsbegriffen geschilderten Probleme aufgehoben. Als problematisch erweist sich dabei insbesondere, dass die Unterscheidung zwischen einer Beobachtungssprache sowie einer theoretischen Sprache von dem Begriff der Beobachtbarkeit Gebrauch macht. Dieser Begriff ist jedoch keineswegs unproblematisch. So lässt sich berechtigt die Frage stellen, ob ein Blick durch ein Mikroskop eine unmittelbare Beobachtung darstellt oder vielmehr eine durch ein Instrument vemittelte.

[13] Dieses Statement wird üblicherweise als „Putnams Herausforderung“bezeichnet [Putnam 1962], S. 243, siehe hierzu auch [Feyerabend 1960].

Was als beobachtbar gilt, unterscheidet sich weiterhin sehr stark je nach Person und hängt unter anderem von der theoretischen Vorbildung einer Person ab. So wird im Falle der Elementarteilchenphysik ein Wissenschaftler davon sprechen, ein bestimmtes Teilchen beobachten zu können, sobald er eine Spur in einer Blasenkammer sehen kann. Eine nicht in dieser Weise vorgebildete Person wird hingegen nicht dazu kommen, eine derartige Spur als die Beobachtung eines Teilchens zu interpretieren.

Ein weiterer, wesentlicher Mangel der Zweistufenkonzeption ist darin zu sehen, dass die theoretischen Terme in rein negativer Weise definiert werden als Terme, die sich nicht auf unmittelbar Beobachtbares beziehen. Eine derartige, rein negative Abgrenzung der theoretischen Terme von der Beobachtungssprache ist nach vielen Seiten hin angreifbar. Verschiedene Angriffspunkte werden unter anderem von H. Putnam thematisiert.[14]

Es blieb J. D. Sneed vorbehalten, als einer der ersten theoretische Terme positiv zu kennzeichnen.[15] Nach seiner Auffassung erfolgt die Unterscheidung theoretisch, nicht-theoretisch im Gegensatz zur Konzeption der Zweisprachentheorie erst nach Vorliegen einer erfahrungswissenschaftlichen Theorie. Nach Sneed ist eine in einer Theorie T auftretende Funktion f genau dann theoretisch bezüglich T, wenn für die Bestimmung der Funktionswerte von f die Gültigkeit der Theorie T bereits vorausgesetzt werden muss. Demnach ist die Unterscheidung theoretisch bzw. nichttheoretisch jeweils auf eine bestimmte Theorie relativiert. Diese Interpretation der theoretischen Terme wurde vom Neuen Strukturalismus übernommen.

Ausgehend von der Kritik Putnams begann die Suche nach einer befriedigenden Definition der theoretischen Terme, die mit den Arbeiten von Moulines, Balzer und Gähde aus Sicht des Strukturalismus in

[14] „Putnams Herausforderung“in: [Putnam 1962].

[15] Siehe Abschnitt 3.4.3.

gewisser Weise einen logischen Abschluss gefunden hat. Dies bedeutet jedoch keineswegs, das damit die Diskussion über die Möglichkeit einer Definition theoretischer Terme beendet ist.[16]

Vor dem Vergleich der verschiedenen Formulierungen von Theoretizitätskriterien (T-Kriterien) der letzten Jahrzehnte ist es sinnvoll, sich grundsätzliche Gedanken zu den Eigenschaften eines jeden solchen Kriteriums zu machen. Hierzu sollen einige Anforderungen genannt werden, die an alle Formulierungen eines Theoretizitätskriteriums gerichtet werden. Grundsätzlich gilt es dabei zu beachten, dass generell nicht von einem wahren oder falschen Theoretizitätskriterium gesprochen werden kann. Vielmehr sollte es je nach Formulierung eine Unterscheidung der gegebenen Terme ermöglichen, die weitgehend der intuitiven Vorstellung entspricht. Einige der in der vergangenen Debatte geforderten Eigenschaften eines jeden T-Kriteriums sind:

1. Ein T-Kriterium sollte eine eindeutige und klare Trennung von theoretischen und nicht-theoretischen Begriffen ermöglichen. Dies garantiert einen Kontrast zur Zweistufenkonzeption, in der aufgrund der unscharfen Definition der Beobachtung gerade dies nicht gegeben ist.[17]

2. Ein T-Kriterium sollte die vor der Formulierung des Kriteriums bereits bestehende, intuitive Einteilung in theoretische und nicht-theoretische Ebene reproduzieren.[18]

3. Ein T-Kriterium soll die Unterscheidung der beiden Bereiche nicht nur *im* Prinzip, sondern auch *de* facto ermöglichen.[19]

---

[16] Hierzu insbesondere die Diskussion in [Zoglauer 1993].
[17] [Gähde 1983], S. 103.
[18] [Gähde 1983], S. 104.
[19] [Gähde 1983], S. 104.

4. An adequate criterion for theoreticity should be able to distinguish between contentful (empirically useful) terms of scientific theories and purely contentless (ad hoc and empirically useless) terms.[20]

4.6 Intuitive Definition (Sneed, Stegmüller, Kamlah)

4.6.1 Sneed

Um die beschriebenen Probleme, die sich aus der Formulierung der Zweistufentheorie ergeben (insbesondere die unbeantwortete Frage, inwiefern sich eine scharfe, absolute Grenze zwischen den beiden Bereichen ziehen lässt), zu überwinden, schlug Joseph D. Sneed eine neue Definition der Theoretizität vor.[21] An die Stelle der Unterscheidung von theoretisch und beobachtbar tritt diejenige von theoretisch und nicht-theoretisch, womit die problematische Frage, ob es eine vollständig nichttheoretische Beobachtung geben kann, umgangen wird. Weiterhin wird der undeutliche beschriebene Begriff *b*eobachtbar ersetzt durch den wesentlich genaueren Begriff *m*essbar. Schließlich wird die Unterscheidung zwischen theoretisch und beobachtbar, die in der Zweistufenkonzeption global für alle Theorien gilt, auf die jeweils interessierende Theorie relativiert.[22]

Die explizite Definition von Sneed setzt die folgende Definition voraus:[23]

> „*The function n_i is measured in a θ-dependent way, if and only if there is some individual $x \in D_i$ such that the existing exposition of application i of theory θ contains*

[20] [Schurz 1990], S. 201.
[21] [Sneed 1971].
[22] Vgl. [Achinstein 1968], S. 183.
[23] [Sneed 1971], S. 31.

> *no description of a method of measuring $n_i(x)$ which does not presuppose that some application of θ is successful; n_i is measured in a θ-independent way if and only if it is not measured in a θ-dependent way.“*

Die konkrete Definition lautet dann wie folgt:[24]

> *„The function n is theoretical with respect to θ if and only if there is no application i of θ in which n_i is θ-independent; n is non-theoretical with respect to θ if and only if there is at least one application i of θ in which n_i is θ-independent.“*

Mit der Formulierung des T-Kriteriums durch Sneed wurde in der wissenschaftstheoretischen Behandlung der theoretischen Terme ein neues Zeitalter eingeläutet.

Entscheidend für das richtige Verständnis des Kriteriums von Sneed ist die Tatsache, dass das T-Kriterium in seiner Formulierung im Gegensatz zur Konzeption der logischen Empiristen epistemologisch neutral ist. Während in der Zweistufenkonzeption eine fundamentale Unterscheidung der Welten der Beobachtungsterme und der theoretischen Terme beschrieben wird, unterscheiden sich die t-theoretischen und die t-nicht-theoretischen Terme in der Konzeption von Sneed lediglich hinsichtlich der Art, wie sie in einer Messung bestimmt werden können. Auf diese Weise wird einem Teil der Kritik an der Zweistufenkonzeption (insbesondere der These von der Theoriebeladenheit einer jeden Beobachtung) Rechnung getragen.

Wie bei der Erörterung der Kritik an den strukturalistischen T-Kriterien zu zeigen sein wird, scheint die Eigenschaft des T-Kriteriums von Sneed und damit auch der darauf folgenden Kriterien, epistemologisch neutral zu sein, von vielen Kritikern übersehen zu werden.

[24] [Sneed 1971], S. 33.

4.6.2 Formale Präzisierung (Tuomela, Kamlah)

Der Grundgedanke von Sneed wird von Stegmüller in folgende Weise beschrieben:[25]

> *„Theoretisch in Bezug auf eine Theorie T sind genau diejenigen Größen oder Funktionen, deren Werte sich nicht berechnen lassen, ohne auf diese Theorie T selbst (genauer: auf die erfolgreich angewendete Theorie T) zurückzugreifen."*

R. Tuomela und A. Kamlah unternahmen jeweils Versuche, die intuitive Definition im Werk von Sneed begrifflich (Tuomela) bzw. semiformal (Kamlah) zu präzisieren. Tuomela kommt dabei zu der folgenden Beschreibung:[26]

> *„A nonlogical concept P occurring in a theory T belonging to a paradigm K is called observational with respect to theory T if and only if every representative scientist within K can (validly and reliably) "measure" P in the typical applications of T without relying on the truth of the theory T [...] A nonlogical concept P occurring in a theory T belonging to a paradigm K is called theoretical with respect to T if and only if (a) P is not observational (with respect to T) in the strong sense that of every representative within K it is true to say that he cannot "measure"P in all typical applications of T without relying on the truth of T, and (b) P has been introduced into T in order to explain the behaviour (i. e. those aspects of it T accounts for) of the objects T is about."*

[25] [Stegmüller 1973], S. 47.
[26] [Tuomela 1973], S. 16.

A. Kamlah unternahm den Versuch, die Definition von Sneed in eine formal präzise Form zu bringen. Er beschreibt seine Intention mit den folgenden Worten:[27]

> *„We do not want to give a detailed interpretation of Sneed's book or of his opinions, but rather propose an alternative improved explication of 'theoretical', which is clear enough to need no additional interpretation and may well serve as a basis of his systematic exposition of the 'logical structure of mathematical physics'. Thus Sneed's in some respect reasonable account of physics is put onto a firmer basis."*

Die formale Definition der Theoretizität hat nun die folgende Form. Eine physikalische Sprache enthalte nichtlogische Prädikate und die Funktionen ϕ_i. Die Messbeschreibung einer Funktion ϕ_i ist eine Aussage $M_n(\phi_1, \phi_2, ..., \phi_n)$ mit den genannten Prädikaten in den Argumenten der M_n. M_n wird dabei als Relation zwischen Mengen dergestalt interpretiert, dass, wenn $\phi_1, ..., \phi_r$ bereits gemessen oder direkt beobachtet wurden, M_n etwas über die Extension von $\phi_{r+1}, ..., \phi_n$ aussagt oder diese in bestimmten Fällen vollständig bestimmt.

Vor diesem Hintergrund wird eine Funktion ϕ_n genau dann als theoretisch in T_n hinsichtlich der Funktionen $\phi_1, ..., \phi_r$ bezeichnet, wenn jede Messbeschreibung $M_n(\phi_1, \phi_2, ..., \phi_n)$, $(n \geq r)$ logisch aus T_n und aus einer Aussage $M'_r(\phi_1, ..., \phi_r)$ folgt, einer Messbeschreibung von $\phi_1, ..., \phi_r (r \leq n)$.

In semiformaler Weise dargestellt:

ϕ_n *ist theoretisch in* T_n *hinsichtlich* $\phi_1, ..., \phi_{n-1}$ *iff*

$$\bigvee_{M'_r} \bigwedge_{M_n} (T_n(\phi_1, ..., \phi_n) \wedge M'_r(\phi_1, ..., \phi_r)$$
$$(1) \vdash M_n(\phi_1, ..., \phi_n)).$$

[27] [Kamlah 1076], S. 350.

Tabelle 4.1: Beispiel für eine Theorienhierarchie

	Druck	Abstand
Thermodynamik	nicht-theoretisch	nicht-theoretisch
Mechanik	theoretisch	nicht-theoretisch
Raum-Zeit-Geometrie		theoretisch

4.6.3 Theoriehierarchien

Eine wichtige Konsequenz der Tatsache, dass das T-Kriterium Sneed's die Theoretizität eines Terms auf die jeweils untersuchte Theorie relativiert, stellen die dadurch implizierten Theoriehierarchien dar. Auch wenn sich ein bestimmter Term in Bezug auf die vorliegende Theorie T_1 als T-theoretisch erweist, so gilt dies nicht für eine Theorie T_2, die die Gültigkeit der Theorie T_1 zwingend voraussetzt. Ein in einer Vorgängertheorie theoretischer Term ist somit in einer daraus abgeleiteten Theorie nicht-theoretisch. Stegmüller fasst dies in die folgenden Worte:[28]

> *„(X) Theoriehierarchien. Es ist bereits darauf hingewiesen worden, daß wegen der Relativierung des Begriffs theoretisch auf eine Theorie T_1-theoretische Begriffe in der Regel zu T_2-nicht-theoretischen werden, wenn T_2 eine ‚der Ordnung nach spätere' Theorie in dem Sinn ist, daß T_2 Begriffe von T_1 benutzt, während T_1 ohne die Begriffe von T_2 auskommt."*

Im Folgenden sei ein konkretes Beispiel für eine derartige Theorienhierarchie gegeben:[29]

[28] [Stegmüller 1973], S. 60.
[29] [Stegmüller 1979], S. 21

> *„This would mean, for example, that for classical physics we get a hierarchical structure, beginning with physical geometry and leading through mechanical theories to classical equilibrium thermodynamics. The distance function would then be theoretical only with respect to physical geometry and non-theoretical with respect to the theories following in this hierarchy. (In a similar way, pressure would be theoretical with respect to mechanical theories but non-theoretical with respect to thermodynamics.)“*

Wie in Abschnitt 4.9 gezeigt wird, stellen die beschriebenen Theoriehierarchien einen wesentlichen Bestandteil der strukturalistischen Konzeption dar. Die von Sneed und seinen Nachfolgern formulierten Theoretizitätskriterien dienen nicht dazu, absolut eine theoretische Ebene von einer Beobachtungsebene zu trennen, sondern dazu, innerhalb einer gegebenen Theorie T_1 Begriffe, die in dieser Theorie definiert werden, zu trennen von solchen Begriffen, die in Theorien definiert werden, deren Gültigkeit von T_1 zwingend vorausgesetzt wird.

Im Hinblick auf eine Aussage darüber, ob es in Bezug auf SMEP theoretische Terme gibt, stellen diese Theoriehierarchien ein entscheidendes Argument dar. Während die tieferliegenden Theorien eine Vielzahl von t-theoretischen Termen aufweisen, enthalten die auf diesen Theorien aufbauenden Theorien immer weniger t-theoretische Terme, da für die Messung jeweils nicht nur die Gültigkeit der eigenen Theorie, sondern lediglich die Gültigkeit der vorausgesetzten Theorie unterstellt wird. SMEP fasst die Ergebnisse aus verschiedensten Theorien der Elementarteilchenphysik in einem Modell zusammen. Dies macht es von vornherein sehr unwahrscheinlich, dass es in Bezug auf SMEP t-theoretische Terme gibt.

4.7 Messmodelle

4.7.1 T-Kriterium

Eine der wesentlichen Neuerungen im T-Kriterium von Sneed gegenüber den vorangehenden Formulierungen stellt die Ersetzung des mehrdeutigen Begriffs *b*eobachtbar durch den Begriff *m*essbar dar. Seit der Veröffentlichung des Buchs von Sneed konzentrierten sich daher viele Autoren darauf, den Begriff der Messbarkeit genauer zu definieren. Einen herausgehobenen Status dabei stellt die Architectonic[30] dar.

Ausgangspunkt der Überlegungen ist ein potenzielles Modell

$$x = \langle D_1, ..., D_k, r_1, ..., r_m, t\rangle$$

Hierbei bezeichnen die D_i Basismengen, r_i und nicht-theoretische Terme mit reellen Zahlen als Funktionswert, t ein theoretischer Term mit reellen Zahlen als Funktionswert. Die potenziellen Modelle erfüllen zwei Bedingungen:

1. In diesen potenziellen Modellen hängen die Werte von t in systematischer Weise ab von den Werten von $r_1, ..., r_m$.

   Diese Forderung beinhaltet, dass die Bestimmung von t für eine Vielzahl von Mengen von Funktionswerten $r_1(a_i^j), ..., r_m(a_m^j)$, $j = 1, 2, ...$ erfolgen kann.

2. Die Werte von t müssen eindeutig bestimmt sein.

   Diese Forderung beinhaltet: Für alle t, t' gilt: wenn $A(D_1, ..., r_m, t)$ und
   $A(D_1, ..., r_m, t')$, dann $t = t'$.

Die Autoren führen vor diesem Hintergrund die Definitionen der *m*ethod of determination sowie des t-determining model ein:[31]

[30] [Balzer et al. 1987].

[31] [Balzer et al. 1987], S. 64.

„*DII-5 Let* M_p *be a class of potential models.*

(a) M_m *is a method of determination for t in* $\boldsymbol{M}_p$ *iff there exists a sentence A such that*

(1) A applies to elements of $\boldsymbol{M}_p$,

(2) $M_m = \{\langle D_1, ..., t\rangle \in \boldsymbol{M}_p / \ A(D_1, ..., t)\}$

(3) for all $D_1, ..., D_k,\ r_1, ..., r_m$ *and all* t, t' : *iff* $A(D_1, ..., r_m,\ t)$ *and* $A(D_1, ..., r_m,\ t')$ *then* $t = t'$

(b) x is a t-determining model iff there exists a method of determination M_m *for t in* $\boldsymbol{M}_p$ *such that* $x \in M_m$."

Die nächste Stufe stellt die Definition des *a*dequate t-determining model dar:[32]

„*Let* M_p *be a class of potential models and* $M \subseteq M_p$ *a set of models within* M_p. *(a) x is an adequate t-determining model in* M_p *iff x is a t-determining model in* M_p *and the sentence A of DII-5 is a version of formulas or statements occurring in existing expositions of the theory having M and* M_p *as components.*"

Vor diesem Hintergrund hat das T-Kriterium von Balzer, Moulines und Sneed die folgende Gestalt:[33]

„*t is* $\boldsymbol{T}$*-theoretical iff* $\boldsymbol{T}$ *is a theory with classes* $\boldsymbol{M}_p(T)$ *and* $\boldsymbol{M}(T)$ *of potential models and models, respectively, and for all x : if x is an adequate t-determining model in* $\boldsymbol{M}_p$ *then* $x \in \boldsymbol{M}(T)$."

Ein potenzielles Modell x ist $T-$ *dependent* gdw. x ein Modell von T ist. Das T-Kriterium lässt sich unter Verwendung der Bezeichnung $T-$ *dependent* in folgender Weise umschreiben:

[32] [Balzer et al. 1987], S. 67.
[33] [Balzer et al. 1987], S. 68.

t ist T – theoretisch gdw. jedes adequate t-determining model ein T-dependent Modell ist.

Grob gesprochen kann das T-Kriterium wie folgt umschrieben werden:

Für alle x: wenn x ein Messmodell für t ist, dann ist x ein Modell.

4.7.2 Beispiel: Massenbestimmung in der klassischen Stoßmechanik (CCM)

Gegeben seien zwei Kugeln p und p', die derart kollidieren, dass alle Bewegungen entlang einer Linie stattfinden. In diesem Falle gilt für das Verhältnis der Massen $m(p)$ und $m(p')$:

$$\frac{m(p)}{m(p')} = \frac{v(p', t_2) - v(p', t_1)}{v(p', t_1) - v(p', t_2)} \tag{4.2}$$

Dieser Ausdruck kann in folgender Weise umgeschrieben werden:

$$m(p)\{v(p, t_1) - v(p, t_2)\} = m(p')\{v(p', t_2) - v(p', t_1)\} \tag{4.3}$$

Hieraus ergibt sich folgende Definition:
x ist ein *M*essmodell für die Masse durch Kollisionen in **C**CM, gdw. es P, T, v, m, t_1, t_2 und p, p' gibt, so dass:

1. $x = \langle P, T, \mathbb{R}, v, m\rangle$ ist ein potenzielles Modell von **C**CM und $T = \{t_1, t_2\}$.

2. $p \neq p'$ und $P = \{p, p'\}$.

3. Alle Vektoren $v(p.t)$, $v(p', t)$, $t \in T$ sind kollinear.

4. $v(p, t_1) \neq v(p, t_2)$.

5. $m(p)\{v(p,t_1) - v(p,t_2)\} = m(p')\{v(p',t_2) - v(p',t_1)\}$.

6. $m(p) = 1$.

(3) beinhaltet, dass sich die beiden Teilchen auf einer geraden Linie bewegen. Natürlich können hierbei auch andere Konstellation berücksichtigt werden, dies erschwert allerdings die Betrachtung erheblich.[34] (4) gewährleistet, dass aufgrund von (5) das Verhältnis $m(p)/m(p')$ eindeutig definiert ist. Ohne diese Bedingung könnten die Geschwindigkeitsdifferenzen in (5) den Wert 0 annehmen, wodurch das Massenverhältnis undefiniert wäre. Durch (6) wird eine Grundeinheit festgelegt. Ohne diese Bedingung ist nur das Massenverhältnis festgelegt, mit dieser Bedingung lässt sich der „absolute Wert"von $m(p)$ bestimmen.

Nun lassen sich die folgenden Theoreme ableiten:[35]

1. Jedes *m*easuring model in **C**CM für die Masse, welches auf Kollisionen beruht, ist ein m-determining model.

2. Jedes *m*easuring model in **C**CM für die Masse, welches auf Kollisionen beruht, ist ein Modell von **C**CM.

3. Die Klasse aller *m*easuring models in **C**CM für die Masse, die auf Kollisionen beruhen, ist eine *m*ethod of determination für m.

Theorem 2 beinhaltet, dass die vorgestellte Methode für die Bestimmung der Masse *CCM*-dependent und damit m **C**CM-theoretisch ist. Somit erlaubt das Kriterium, für eine vorgegebene Theorie **C**CM und einen konkreten Term (die Masse m) ein Urteil hinsichtlich der Theoretizität zu fällen.

[34] [Balzer et al. 1982].

[35] Zu den Beweisen siehe [Balzer et al. 1987], S. 73.

4.8 Rein formale, innertheoretische Definition (Gähde)

4.8.1 T-Kriterium am Beispiel CPM

Die Suche nach einem praktikablen T-Kriterium hat mit den Arbeiten von U. Gähde und W. Balzer einen gewissen Abschluss erreicht. Insbesondere das Kriterium von Gähde zeichnet sich dadurch aus, dass es rein formal anwendbar ist. Die hohen Erwartungen werden von W. Balzer wie folgt ausgedrückt:[36]

> *„U. Gähde hat nun in einem entscheidenden Schritt [...] ein neues Theoretizitätskriterium formuliert, welches auch die Bezugnahme auf existierende Darstellungen der Theorie vermeidet und somit rein formal anwendbar ist. Damit scheint die Entwicklung der Theoretizitätsfrage zu einem ersten dauerhaften Resultat geführt zu haben."*

Das T-Kriterium von Gähde kann in folgender Weise umschrieben werden. Die Klasse $\tilde{M}_{pp}$ der partiellen potenziellen Modelle wird als die Klasse aller „Teilstrukturen"definiert. Somit gibt es mehrere Möglichkeiten, um diese Menge $\tilde{M}_{pp}$ mittels geeigneter Ergänzungsfunktionen zur Menge M_p der potenziellen Modelle zu erweitern. Die hierfür notwendigen Ergänzungsfunktionen werden von Gähde als *z*ulässige Ergänzungsfunktionen (ZEF) bezeichnet. Die Umkehrung davon sind die *z*ulässigen Prädikatsverschärfungen (ZPV). Nun wird

[36] [Balzer 1985a], S. 141, eine ähnliche Einschätzung findet sich in der Analyse von Stegmüller ([Stegmüller 1986], S. 55):

> *„Die nun schon fast ein halbes Jahrhundert andauernde Diskussion über die Natur theoretischer Terme dürfte damit [mit dem Kriterium von Gähde] zu einem relativen Abschluß gelangt sein".*

diejenige zulässige Ergänzungsfunktion gesucht e^*, die die Klasse $\tilde{M}_{pp}$ um genau die T-theoretischen Funktionen erweitert[37]

Es wird das folgende Prädikat AE eingeführt:

> *„AE e*(e* ist eine - bezüglich der Unterscheidung theoretisch-nichttheoretisch adäquate Ergänzungsfunktion). gdw.*
>
> *Konkretes Beispiel: CPM*
>
> 1. $e^* \in ZEF^T$
> 2. $\bigwedge z\ (\ z\ \in\ D_I(e^*)\ \rightarrow \|\ e^*(z)\ \cap CPM\ \|_{ET}^{T} > 1);$
> 3. $\bigvee z\ \bigvee KPM^i\ (\ z \in D_I(e^*)\ \wedge\ ZPV^T(CPM^i) \wedge \|\ e^*(z)\ \cap\ CPM^i\ \|_{ET}^{T} = 1).$
>
> *In Bedingung 1. wird gefordert, dass es sich bei einer adäquaten Ergänzungsfunktion um eine zulässige Ergänzungsfunktion handelt, also um ein Element aus ZEF.*
> *Es sei e* ∈ ZEF. Dann wird in Bedingung 2. verlangt: Bei e* kann es sich nur dann um eine adäquate Ergänzungsfunktion handeln, wenn für kein z ∈ D_I (e*) die ergänzenden Funktionen bereits durch die im Theorienprädikat CPM formulierten Forderungen eindeutig bis auf Eichtransformationen festgelegt werden.*
> *Bedingung 3. schließlich fordert: Falls e* eine adäquate Ergänzungsfunktion ist, so existiert mindestens ein Element aus dem Definitionsbereich von e* (im Folgenden mit „z*“bezeichnet) und eine zulässige Prädikatverschärfung von CPM („KPM^{i*}“), so dass gilt: Durch das bereits in KPM geforderte Axiom der Theorie sowie das in CPM^{i*} zusätzlich geforderte Galilei-invariante Spezialgesetz werden die ergänzenden Funktionen bezüglich e*(z*) bis auf Eichtransformationen eindeutig festgelegt.“*

[37] [Gähde 1983], S. 110.

Mit dieser Definition kann das T-Kriterium formuliert werden:[38]

> *„(i) Eine Funktionsvariable ϕ heiße KPM-theoretisch, gdw es ein $e^* \in ZEF^T$ mit $AE^T(e^*)$ gibt, so daß ϕ ergänzende Funktionsvariable bezüglich e^* ist. Andernfalls heiße ϕ KPM-nicht-theoretisch."*

> *„(ii) Eine Funktion ϕ heiße KPM-theoretisch, gdw es ein $e^* \in ZEF^T$ mit $AE^T(e^*)$ und ein $z \in D_I(e^*)$ gibt, so daß gilt: ϕ ist ergänzende Funktion bezüglich $e^*(z)$. Andernfalls heiße ϕ KPM-nicht-theoretisch."*

Gähde kann anhand seines Kriteriums streng formal zeigen, dass im Falle von KPM die Funktionsvariablen m und f KPM-theoretisch sind, die Funktionsvariable s hingegen nicht.[39] durch das Kriterium von Gähde werden Aussagen über die Theoretizität eines Terms übersetzt in Aussagen über die Kardinalität von Ergänzungsklassen spezieller Ergänzungsfunktionen.[40] Diese Kardinalität lässt sich mit formalen Mitteln eindeutig beurteilen.

4.8.2 Verallgemeinerung auf beliebige, axiomatisierte Theorien

Gähde zeigt auf, wie die Verallgemeinerung seines Kriteriums vom Beispiel KPM auf den allgemeinen Fall aussieht.[41]

Nach 5 vorhergehenden Schritten wird in einem 6. Schritt wiederum eine Funktion $AE^T(e^*)$ eingeführt, M vertritt hierbei allgemein ein Modell:

---

[38] [Gähde 1983], S. 112.

[39] [Gähde 1983], S. 113 ff. Aufgrund der Länge des Beweises wird an dieser Stelle auf eine vollständige Darstellung verzichtet.

[40] Siehe die Definition der adäquaten Ergänzungsfunktion in 4.8.1 und 4.8.2.

[41] [Gähde 1983], S. 135.

1. $e^* \in ZEF^T$

2. $\bigwedge z \, (\, z \in D_I(e^*) \rightarrow \| \, e^*(z) \cap M \, \|_{ET}^T > 1);$

3. $\bigvee z \bigvee M^i \, (\, z \in D_I(e^*) \wedge ZPV^T(M^i) \wedge \| \, e^*(z) \cap M^i \, \|_{ET}^T = 1).$

Das allgemeine Kriterium für die T-Theoretizität lautet demnach:

> „*(i) Eine Funktionsvariable ϕ heiße T-theoretisch, gdw es ein $e^* \in ZEF^T$ mit $AE^T(e^*)$ gibt, so dass ϕ ergänzende Funktionsvariable bezüglich e^* ist. Andernfalls heiße ϕ T-nicht-theoretisch.*“

> „*(ii) Eine Funktion ϕ heiße T-theoretisch, gdw es ein $e^* \in ZEF^T$ mit $AE^T(e^*)$ und ein $z \in D_I(e^*)$ gibt, so dass gilt: ϕ ist ergänzende Funktion bezüglich $e^*(z)$. Andernfalls heiße ϕ T-nicht-theoretisch.*“

4.9 T-Theoretizität und Holismus

Aus der Sicht vieler Strukturalisten konnte spätestens mit den Arbeiten von Balzer und Gähde die Frage nach der Theoretizität insofern geklärt werden, als nun jeweils T-Kriterien vorliegen, mit denen sich - insbesondere im Fall des T-Kriteriums von Gähde - auf streng formale Weise ein Urteil hinsichtlich der T-Theoretizität eines gegebenen Terms in einer formalisierten Theorie fällen lässt. Hieraus folgt jedoch keineswegs, dass hiermit die Diskussion über das Wesen der theoretischen Terme ein von allen Seiten akzeptiertes Ende gefunden hat.

Unter anderem G. Schurz hat in seinen Werken ausführlich mögliche Schwächen der strukturalistischen Konzeption thematisiert.[42] Schurz

[42] Siehe [Schurz 1987], [Schurz 1990].

hat sich in verschiedenen Werken eingehend mit dem Neuen Strukturalismus beschäftigt. Er sieht dabei insbesondere die Konzeption der T-Theoretizität kritisch.[43]

In [Schurz 1990] wird das Kriterium für T-Theoretizität eingehend untersucht. Er zieht hierfür das in der Dissertation von Gähde ausgearbeitete[44] Kriterium der Theoretizität heran.

Wie Schurz anhand einer Fülle von Beispielen aus der Wissenschaft versucht, werden die Eigenschaften, die ein leistungsfähiges T-Kriterium nach seiner Auffassung erfüllen sollen, nicht erfüllt:

> *„Furthermore, neither the B-criterion nor the G-criterion [...] nor Sneed's original criterion are able to distinguish between contentful theoretical terms and contentless terms - hence, none of the structuralist criteria satisfy (R3). Therefore, the search for an adequate criterion of theoreticity must go on."*

Stellvertretend für die kritische Sicht auf die in diesem Kapitel erläuterten, strukturalistischen T-Kriterien sei hier die Untersuchung von T. Zoglauer genannt.[45] In dieser Arbeit wird der Hauptmangel der beschriebenen T-Kriterien darin gesehen, dass diese Kriterien nicht dem Holismus gerecht werden, der hinsichtlich der Interpretation empirischer Theorien angemessen ist. Dieser Mangel wird von Zoglauer in der folgenden Weise formuliert:[46]

> *„Ein formales Theoretizitätskriterium, wie es von Gähde vorgelegt wurde, kann trotz seiner logischen Stringenz*

[43] Eine eingehende, kritische Würdigung der Konzeption der theoretischen Terme im Rahmen der Strukturalistischen Konzeption findet sich auch in [Zoglauer 1993].

[44] [Gähde 1983].

[45] [Zoglauer 1993].

[46] [Zoglauer 1993], S. 165.

nicht befriedigen, da es ein inhaltliches Kriterium nicht zu ersetzen vermag.“

Zoglauer versucht einerseits zu zeigen, dass es seiner Meinung nach grundsätzlich in der KPM keine nicht-theoretischen Terme gibt. Daraus zieht er den Schluss, dass die strukturalistische Rekonstruktion dieser Theorie gescheitert ist.

Hier zeigt sich nach Auffassung des Autors dieser Arbeit eine entscheidende Fehlinterpretation der Strukturalistischen T-Kriterien. Zoglauer lehnt die zuletzt von Gähde formulierte Trennung von t-theoretischen und t-nicht-theoretischen Termen ab, indem er zu zeigen versucht, dass in letzter Konsequenz keine t-nicht-theoretischen Terme existieren.

Zoglauer ignoriert dabei den Fakt, dass das T-Kriterium von Sneed und in Folge davon die in diesem Kapitel beschriebenen T-Kriterien epistemologisch neutral sind. Sie erheben somit keinen Anspruch darauf, die T-theoretischen Terme als der Beobachtung gänzlich entzogene Größen zu zeigen. Hierzu eine Einschätzung von W. Stegmüller:[47]

„Die früher geschilderten Nachteile des Begriffs der Beobachtungssprache fallen fort; denn es wird nicht der Anspruch erhoben, daß die nicht-theoretischen Funktionen in irgendeinem epistemologisch wichtigen und noch zu präzisierenden Sinn als beobachtbar auszuzeichnen seien.“

Zoglauer unterstellt den Strukturalisten, sie seien nach wie vor in den Grundsätzen der Zweistufenkonzeption gefangen, nicht zuletzt durch die Theoriebeladenheit der Beobachtung habe sich aber gezeigt, dass diese Konzeption nicht angemessen sei.[48]

---

[47]([Stegmüller 1973], S. 55).
[48][Zoglauer 1993], S. 178.

> *„Das Problem der theoretischen Terme, so wie es Sneed formuliert hat [...] ist nicht lösbar, weil theoretische und nicht-theoretisch Terme nicht voneinander getrennt werden können [...] Offensichtlich hängen Theorie und Empirie doch viel enger zusammen als bisher vermutet wurde. Eine eindeutig lokalisierbare Schnittstelle zwischen Theorie und Erfahrung gibt es nicht [...] Eine Theorie ist eine unteilbare Einheit, die sich nicht in einen Teil theoretischer Begriffe und einen Teil nicht-theoretischer Begriffe zerlegen lässt.“*

Durch die strukturalistischen T-Kriterien, insbesondere durch das zuletzt von Gähde formulierte, werden innerhalb einer Theorie verschiedene Ebenen separiert. Diese Separierung ermöglicht einen Blick auf die Theoriehierarchien, somit auf die Abfolge von Theorien in einer Abfolge des voneinander voraussetzens. Dies impliziert keineswegs, wie von Zoglauer unterstellt, die Vermutung, man können absolut zwischen einer Beobachtungs- und einer Theorieebene unterscheiden.

Vielmehr wird von den Autoren Sneed bis Gähde die Problematik der Theoriebeladenheit jeder Beobachtung eingeräumt[49] und daraus die Konsequenz gezogen, die Trennung in anderer Weise vorzunehmen.

Insofern kritisiert Zoglauer ein Ansinnen des Strukturalismus, welches dieser konsequent überwunden hat: Die absolute Trennung einer Beobachtungsebene von der Ebene der Theorien.

[49]In [Stegmüller 1973], S. 14, wird als eines der Motive für den Strukturalismus in der Wissenschaftstheorie die Theoriebeladenheit der Beobachtung erwähnt:

> *„(10) Die Redeweise von der Theoriebeladenheit aller Beobachtungen (HANSON, TOULMIN, KUHN, FEYERABEND) läßt sich präzisieren.“*

5 Rekonstruktion von $\mathcal{S}$MEP

5.1 Überblick

Nachdem in den vorhergehenden Kapiteln die Physik des Standardmodells sowie die Grundlagen der Strukturalistischen Rekonstruktionen erläutert wurden, erfolgt in diesem Kapitel die konkrete Rekonstruktion von $\mathcal{S}$MEP. Wie in jeder Rekonstruktion ist dabei das Ziel, die potenziellen, aktuellen und partiellen potenziellen Modelle zu bestimmen sowie zu untersuchen, welche Links, Constraints und intendierten Anwendungen im Fall der untersuchten Theorie vorliegen.

5.2 Vorbereitende Anmerkungen

5.2.1 Äquivalenzrelation $\sim$

Für die Rekonstruktion wird eine Äquivalenzrelation $\sim$ auf P_{el} definiert

$$\sim \subseteq P_{el} \times P_{el}. \tag{5.1}$$

P_{el} ist die Menge aller Elementarteilchen.
$\sim$ bezeichnet die Relation „gehören der gleichen Menge von Elementarteilchen an".

$a \sim b$ bedeutet: a und b stimmen überein hinsichtlich der Werte von φ_C, φ_{CG}, φ_{FL}, s, q, m, QN, BN und LZ.

Mit der Äquivalenzrelation $\sim$, definiert auf P_{el}, ist für ein gegebenes Teilchen a die Äquivalenzklasse P_{el}^a eng verknüpft:
$P_{el}^a = \{\, x \in P_{el},\ x \sim a\}$.

P_{el}^{a} wird dabei als die von a erzeugte Äquivalenzklasse bezeichnet. Als *K*lasseneinteilung der Menge P_{el} wird ein Mengensystem $M = \{P_{el}^{\alpha}\}\alpha \in A$ bezeichnet mit

1. $P_{el}^{\alpha} \bigcap P_{el}^{\beta} = \varnothing$ für $\alpha \neq \beta$.

2. $P_{el} = \bigcup_{\alpha \in A} P_{el}^{\alpha}$

Wie für jede Ähnlichkeitsrelation gilt zwischen ihr und der zugehörigen Klasseneinteilung der fundamentale Satz:

Es sei M eine beliebige Menge:

1. Jede Klasseneinteilung von M erzeugt eine Ähnlichkeitsrelation.

2. Bei gegebener Ähnlichkeitsrelation bildet das System der verschiedenen Ähnlichkeitsklassen eine Klasseneinteilung von M.

Für alle Arten von Elementarteilchen gilt: $a, b \in P_{el}$, $a \sim b$ genau dann wenn
$s(a) = s(b)$,
$q(a) = q(b)$,
$m(a) = m(b)$,
$\varphi_C(a) = \varphi_C(b)$
$\varphi_{CG}(a) = \varphi_{CG}(b)$
$\varphi_{FL}(a) = \varphi_{FL}(b)$

d.h. zwei Teilchen a und b gehören genau dann der gleichen Äquivalenzmenge an, wenn sie identischen Spin, elektrische Ladung, Masse, Farbladung, Farbpaar[1] und Flavour aufweisen.

Im Fall von *S*MEP entsprechen den Äquivalenzklassen von $\sim$ somit die Mengen der elementaren Fermionen und Bosonen. Wie zu

[1] Wie im Text beschrieben wird, weisen die Gluonen als einzige Teilchen eine Kombination von Farbladung und Anti-Farbladung auf.

zeigen sein wird, ergibt sich bei Berücksichtigung der strengen Zählweise der elementaren Fermionen und Bosonen eine mmodifizierte Klasseneinteilung von P_{el} (siehe Abschnitt 2.8.2).

Es ist weiterhin wichtig zu betonen, dass die Äquivalenzrelation $\sim$ kein Bestandteil der Darstellung von SMEP in gewöhnlichen Physiklehrbüchern ist. Vielmehr wird sie im Rahmen dieser Theorie eingeführt, um so eine größere Präzision zu ermöglichen.

5.2.2 EPO

Vor der formalen Definition der potenziellen Modelle bietet es sich aus Gründen der Praktikabilität an, ein Hilfskonstrukt einzuführen, genannt 'Ontologie der Elementarteilchen' (EPO). EPO vereinigt alle ontologischen Aussagen der Theorie der Elementarteilchen, indem es alle Entitäten auflistet, die in SMEP thematisiert werden. Formal betrachtet ist die Einführung eines derartigen Hilfsmittels nicht erforderlich, um die potenziellen Modelle zu definieren. Ebenso wäre es möglich, alle Elemente der Ontologie der Elementarteilchentheorie als Basismengen in den Tupels einzuführen, die die jeweiligen potenziellen Modelle darstellen. Dies würde jedoch die formale Darstellung der Theorie unnötigerweise unübersichtlich werden lassen. Daher soll vorab das Prädikat zweiter Ordnung, EPO definiert werden. Dieses Prädikat wird jeweils auf eine Untermenge der untersuchten Teilchen angewendet und fasst im Wesentlichen die Ergebnisse der Tabellen 2.2 bis 2.4 zusammen.

$EPO(x)$ gdw $\exists\, P,\, P_{el},\, P_Q,\, P_L,\, P_F,\, P_{GL},\, P_{VB},\, P_{PH},\, P_{CG},\, i,$
$\mathfrak{C},\, C_1,\, C_2,\, C_3,\, C_4,\, C_5,\, C_6,\, C_7$
$\mathfrak{FL},\, FL_1,\, FL_2,\, FL_3,\, FL_4,\, FL_5,\, FL_6,\, FL_7,\, FL_8,$
$FL_9,\, FL_{10},\, FL_{11},\, FL_{12},\, FL_{13},$
$\mathfrak{GL},\, GL_1,\, GL_2,\, GL_3,\, GL_4,\, GL_5,\, GL_6,\, GL_7,\, GL_8,\, GL_9,$

$\mathfrak{WW}$, WW_s^1, WW_s^2, WW_s^3, WW_w^1, WW_w^2, WW_w^3, WW_e,
so dass $x = \langle P,\ P_{el},\ \mathfrak{C},\ \mathfrak{FL},\ \mathfrak{WW}, \mathfrak{GL},\ I,\ j,\ +,\ - \rangle$ und

1. P ist eine endliche Menge verschieden von der leeren Menge
2. $P_{el} \in \mathfrak{P}(P)$ und $\parallel P_{el} \parallel = 61.$[2]
3. $I = \{1, \ldots, 37\}$
4. $j : I \rightarrow P_{el}$[3]
5. $+ : P_{el} \rightarrow P_{el}$, wobei $+$ die Identitätsfunktion und $\parallel D_I^{(+)} \parallel = 37$[4]
6. $- : P_{el} \rightarrow P_{el}$, wobei $\parallel D_I^{(-)} \parallel = 37$
7. $\forall i \in I,\ i < 25,\ \forall\ P_i \in P_{el} : +(P_i) \cap -(P_i) = \varnothing$
8. $\forall i \in I,\ 25 \leq i \leq 32,\ \forall P_i \in P_{el} :\ +(P_i) = -(P_i)$
9. $\forall i \in I,\ 35 \leq i \leq 37,\ \forall P_i \in P_{el} :\ +(P_i) = -(P_i)$
10. $+(P_{33}) = -(P_{34})$
11. $P_Q = \bigcup_{i=1}^{18} +(P_i) \cup \bigcup_{i=1}^{18} -(P_i)$
12. $P_L = \bigcup_{i=19}^{24} +(P_i) \cup \bigcup_{i=19}^{24} -(P_i)$
13. $P_F = P_Q \cup P_L$
14. $P_{GL} = \bigcup_{i=25}^{32} +(P_i)$

[2] Um P_{el} klarer zu strukturieren, wird eine partielle Ordnungsrelation $R \subseteq P \times P$ eingeführt, die die Relation des Enthaltenseins eines Teilchens in einem anderen bedeutet. Diese Relation muss die Axiome eines geeigneten mereologischen Systems wie Transitivität, Asymetrie und die Existenz einer allgemeinen Summe erfüllen [Ridder 2002].
Die spezifischen mereologischen Eigenschaften von R erfordern eingehende weitere Untersuchungen, die ein wichtiges Thema für künftige Arbeiten darstellen.

[3] Wir schreiben 'P_i' für jedes $j(i) \in P_{el}$.

[4] '$\parallel D_I \parallel$' bezeichnet den Bereich einer Relation und '$\parallel D_{II} \parallel$' den Gegenbereich.

5. $P_{VB} = \bigcup_{i=33}^{35} + (P_i)$

6. $P_{PH} = + (P_{36})$

7. $\mathfrak{C} = \{ C_1, C_2, C_3, C_4, C_5, C_6, C_7\}$

8. $\mathfrak{FL} = \{ FL_1, FL_2, FL_3, FL_4, FL_5, FL_6, FL_7, FL_8, FL_9, FL_{10}, FL_{11}, FL_{12}, FL_{13}\}$

9. $\mathfrak{GL} = \{ GL_1, GL_2, GL_3, GL_4, GL_5, GL_6, GL_7, GL_8, GL_9\}$,

0. $\mathfrak{WW} = \{WW_s^1, WW_s^2, WW_s^3, WW_w^1, WW_w^2, WW_w^3, WW_e\}$ mit
   (a) $WW_i^1 \subseteq P \times P \times P$, für $i \in \{s, w, e\}$
   (b) $WW_i^2 \subseteq P \times P \times P$, für $i \in \{s, w\}$
   (c) $WW_i^3 \subseteq P^4$, für $i \in \{s, w\}$

Die Konstituenten einer Struktur x, die das Prädikat $EPO(x)$ erfüllen, müssen in der folgenden Weise verstanden werden:

1. P ist eine Menge von verschiedenen Teilchen. Im Rahmen der vorliegenden Rekonstruktion kann nicht auf das bedeutsame ontologische Problem eingegangen werden, dass entsprechend der üblichen Interpretation der Quantenphysik die Bedingungen für eine eindeutige Individuation der Teilchen nicht eindeutig gegeben sind.
   Jede mögliche Rekonstruktion von SMEP muss das Problem der Teilchenidentität behandeln, indem eine Beschreibung analog der klassischen Mechanik gewählt wird. Dies stellt natürlich eine Idealisierung dar. In diesem Zusammenhang ist es wichtig zu erwähnen, dass sich die Constraints der strukturalistischen Rekonstruktion von SMEP ausschließlich auf Ensembles von Teilchen in einem potenziellen Modell beziehen und daher von dieser Idealisierung nicht betroffen sind.[5]

[5]Siehe Abschnitt 2.4.

2. P_{el} ist eine Menge von *T*ypen (Äquivalenzklassen) von Teilchen. *S*MEP beschreibt 61 solcher Typen.

3. *I* ist ein numerischer Index, der dazu dient, die verschiedenen Teilchentypen in Kombination mit den Funktionen '+' und '-' zu unterscheiden, wodurch Typen und die jeweils korrespondierenden Anti-Typen unterschieden werden. Im Fall der letzten Typen $P_{25} - P_{32}$ sowie $P_{35} - P_{37}$) sind jeweils Typen und Antitypen identisch. Wenn $+(P_i)$ einen gegebenen Teilchentyp kennzeichnet, so $-(P_i)$ den entsprechenden Anti-Teilchentyp. Aus Gründen der besseren Verständlichkeit schreiben wir im Folgenden 'P_i^+' oder 'P_i^-' anstelle von '$+P_i$' oder '$-P_i$'.

4. Einige der *G*ruppen von Typen innerhalb von P_{el} tragen spezifische Bezeichnungen:
   P_Q ist die Zusammenstellung der Quarks (bestehend aus 36 Typen);
   P_L ist die Zusammenstellung der Leptonen (bestehend aus 12 Typen);
   P_F sind die Fermionen als Gesamtheit von Quarks und Leptonen;
   P_{GL} sind die Gluonen;
   P_{VB} sind die Vektorbosonen;
   P_{PH} enthält einen Typen - die Photonen.

5. $\mathfrak{C}$ ist eine Zusammenstellung von „Eigenschaften", die üblicherweise als Farbladungen bezeichnet werden. Formal werden die Farbladungen betrachtet als nicht weiter analysierbare Entitäten, die mithilfe der Funktion φ_C den Teilchen zugeordnet werden können (siehe unten). Es werden die Farbladungen R (Rot), G(Grün), B(Blau), W (Farbneutral), $\overline{R}$ (Anti-Rot), $\overline{G}$ (Anti-Grün) und $\overline{B}$ (Anti-Blau) unterschieden.

6. Gleiches gilt für die Zusammenstellung $\mathfrak{FL}$ der als 'Flavours' bekannten Eigenschaften. Es werden die Flavours $U(Up)$, $C(Charme)$,

$T(Top)$, $B(Bottom)$, $S(Strange)$, $D(Down)$, $N(Flavourneutral)$, $\overline{U}(Anti-Up)$, $\overline{C}(Anti-Charme)$, $\overline{T}(Anti-Top)$, $\overline{B}(Anti-Bottom)$, $\overline{S}(Anti-Strange)$ und $\overline{D}(Anti-Down)$ unterschieden.

7. $\mathfrak{GL}$ ist die Menge der Gluonenfarben. Diese bestehen jeweils aus Kombinationen von Farbladung und Anti-Farbladung. Es werden die Gluonfarben $R\overline{G}$, $R\overline{B}$, $G\overline{R}$, $G\overline{B}$, $B\overline{R}$, $B\overline{G}$, $\frac{1}{\sqrt{2}}(R\overline{R}-G\overline{G})$, $\frac{1}{\sqrt{6}}(R\overline{R}+G\overline{G}-2B\overline{B})$ und WW unterschieden.

8. $\mathfrak{WW}$ stellt schließlich die Menge der Wechselwirkungen (Relationen) zwischen den Teilchen dar. $\mathfrak{WW}$ setzt sich zusammen aus der starken, der schwachen und der elektromagnetischen Wechselwirkung. Die meisten dieser Wechselwirkungen sind dreifache Relationen, da sie eine Wechselwirkung zwischen zwei Fermionen und einem Boson oder eine Interaktion zwischen drei Bosonen darstellen (Selbstwechselwirkung). Es gibt aber auch jeweils eine Art der strengen und schwachen Wechselwirkung, die eine vierfache Wechselwirkung zwischen 4 Bosonen darstellt (Selbstwechselwirkung).

Die elementaren Wechselwirkungen erfüllen die folgenden Bedingungen:

1. $WW_s^1 \subseteq P_{GL} \times P_Q \times P_Q$
   wobei $WW_s^1(a,b,c)$ eine starke Wechselwirkung[6] zwischen den Fermionen b und c bezeichnet, die durch das Boson a vermittelt wird.

[6]Die für die starke Wechselwirkung verantwortliche Ladung ist die Farbladung $\mathfrak{C}$. Formal kann diese Wechselwirkung durch Anwendung der Elemente der Gruppe $SU(3)$ beschrieben werden (Gruppe der unitären Matrizen der Dimension 3).

2. $WW_s^2 \subseteq P_{GL} \times P_{GL} \times P_{GL}$
wobei $WW_s^2(b_1, b_2, b_3)$ eine starke Wechselwirkung zwischen den drei Gluonen b_1, b_2 und b_3 bezeichnet.

3. $WW_s^3 \subseteq P_{GL} \times P_{GL} \times P_{GL} \times P_{GL}$
wobei $WW_s^3(b_1, b_2, b_3, b_4)$ eine starke Wechselwirkung zwischen den vier Gluonen b_1, b_2, b_3 und b_4 bezeichnet.

4. $WW_w^1 \subseteq P_{VB} \times P_Q \times P_Q$
wobei $WW_w^1(a, b, c)$ eine schwache Wechselwirkung zwischen den Fermionen b und c bezeichnet, die durch das Vektorboson a vermittelt wird.[7]

5. $WW_w^2 \subseteq P_{VB} \times P_{VB} \times P_{VB}$
wobei $WW_w^2(b_1, b_2, b_3)$ eine schwache Wechselwirkung zwischen den drei Gluonen b_1, b_2 und b_3 bezeichnet.

6. $WW_w^3 \subseteq P_{VB} \times P_{VB} \times P_{VB} \times P_{VB}$
wobei $WW_w^3(b_1, b_2, b_3, b_4)$ eine schwache Wechselwirkung zwischen den vier Gluonen b_1, b_2, b_3 und b_4 bezeichnet.

7. $WW_e^1 \subseteq P_{PH} \times P_{GT} \times P_{GT}$
wobei $WW_e^1(a, b, c)$ eine elektromagnetische Wechselwirkung zwischen den Teilchen b und c bezeichnet, die durch das Photon a vermittelt wird.[8]

---

[7] Die für die schwache Wechselwirkung verantwortliche Ladung ist der Flavour $\mathfrak{FL}$. Formal kann diese Wechselwirkung durch Anwendung der Elemente der Gruppe $SU(2)$ beschrieben werden (Gruppe der unitären Matrizen der Dimension 2).

[8] Die für die elektromagnetische Wechselwirkung verantwortliche Ladung ist die elektrische Ladung l. Formal kann diese Wechselwirkung durch Anwendung der Elemente der Gruppe $SU(1)$ beschrieben werden (Gruppe der unitären Matrizen der Dimension 1).

5.2.3 Ontologische Priorität

Die bisherigen Ausführungen verdeutlichen, dass SMEP im Vergleich zu anderen physikalischen Theorien eine herausgehobene Stellung hat. Der spezielle Status kann zugleich in ontologischen und nomologischen Begriffen gekennzeichnet werden:[9]

1. Ontologisch: Alle physikalischen Objekte sind letztlich zusammengesetzt aus Elementarteilchen, so die Aussage des SMEP. So gesehen liefert das SMEP eine vollständige Beschreibung der letzten Bestandteile der physikalischen Welt.[10]

2. Nomologisch: Alle physikalischen Wechselwirkungen können gemäß dem SMEP von drei grundlegenden Wechselwirkungen abgeleitet werden, nämlich WW_s, WW_w und WW_e.

In diese Rekonstruktion wird auf diese Eigenschaften als die ontologische und die nomologische Priorität von SMEP Bezug genommen. Insofern die Nomologische Priorität betrachtet wird, gibt es eine wichtige Ausnahme, da die Gravitationskraft nicht in das Modell einbezogen werden kann, solange keine befriedigende Beschreibung der Quantengravitation existiert. Auf der anderen Seite gibt es keine bekannte Ausnahme von der ontologischen Priorität des SMEP; insofern ist die Annahme begründet, dass SMEP eine vollständige Beschreibung aller bekannten Arten von Materie darstellt.

Im Rahmen der vorliegenden Rekonstruktion liegt der Schwerpunkt eindeutig auf den ontologischen Aspekten des SMEP, insofern wird keine Beschreibung der verschiedenen Wechselwirkungen mit den

[9] [Moulines 2006], [Nagel 1961].

[10] Im Rahmen der vorliegenden Rekonstruktion wird die Existenz von P vorausgesetzt, der Menge aller Teilchen. In einem zweiten Schritt werden die Untermengen von P beschrieben. Obwohl die Existenz von P eine schwache Voraussetzung darstellt, ist sie die notwendige Voraussetzung für die folgenden Schritte der Rekonstruktion.

Begriffen von geeigneten dynamischen Gesetzen vorgestellt. Eine solche Beschreibung setzt nicht weniger als eine vollständige Beschreibung der Quantenfeldtheorie voraus, die bislang nicht einmal im Ansatz vorliegt. Gleichwohl wird eine vollständige Auflistung aller Arten von Elementarteilchen vorgestellt, sofern diese durch die Theorie beschrieben werden (siehe Tabelle 2.2 für einen ersten Überblick).

5.3 Potenzielle Modelle

Die einfachsten Einheiten, die eine Theorie aufweist, sind ihre Modelle (im Sinne der formalen Semantik). Modelle sind Tupels

$$x = \langle D_1, ..., D_i, R_1, ..., R_j \rangle, \; mit \; i, j \geq 1, \quad (5.2)$$

wobei die D_i sogenannte Basismengen sind und R_i Relation zwischen verschiedenen Elementen dieser Mengen. Die 'Ontologie' einer Theorie besteht aus denjenigen D_i, die jene Entitäten enthalten, deren Existenz von der Theorie postuliert wird. Im Fall der physikalischen Theorien sind die D_i üblicherweise physikalische Entitäten wie Teilchen, die R_i sind gewöhnlich Funktionen, die den empirischen Objekten Zahlwerte oder Vektoren zuordnen.

Folgt man dem Strukturalismus, so wird die Identität einer Theorie durch eine Menge von Modellen bestimmt, die gegebene Axiome erfüllen. Hierbei gilt es zwischen *R*ahmenbedingungen einerseits und *s*ubstantiellen Bedingungen andererseits zu unterscheiden. Die *R*ahmenbedingungen legen Eigenschaften des groben Rahmens der Theorie fest, während die *s*ubstantiellen Bedingungen konkret das Verhalten der theoretischen Entitäten beschreiben.

Strukturen, die lediglich die *R*ahmenbedingungen erfüllen, gehören der Menge der *p*otenziellen Modelle an. Strukturen, die zusätzlich die *s*ubstantiellen Bedingungen erfüllen, gehören zur Klasse M der *a*ktuellen Modelle.

Im weiteren Verlauf soll nun der Versuch unternommen werden, die moderne Theorie der Elementarteilchen entsprechend des strukturalistischen Ansatzes zu rekonstruieren. Zu Beginn muss dabei die Klasse der potenziellen Modelle M_p bestimmt werden.

Definition 1 (Potenzielle Modelle)

Mithilfe des soeben eingeführten Hilfsprädikats EPO können nun die Potenziellen Modelle der untersuchten Theorie definiert werden:

$x = \langle\ \Pi,\ \varphi_C,\ \varphi_{CG},\ \varphi_{FL},\ s,\ q,\ m,\ QN,\ BN,\ LN\ \rangle,$

wobei $EPO(\Pi)$ mit $\Pi = \langle\ P,\ P_{el},\ \mathfrak{C},\ \mathfrak{FL},\ \mathfrak{WW},\ \mathfrak{GL},\ I,\ j,\ +,\ -\rangle$ ist ein potenzielles Modell des Standardmodells $x \in M_p[SMEP]$ gdw

1. $\varphi_C : P \rightarrow \mathfrak{C}$
   jedem Teilchen p eine Farbladung zuordnet

2. $\varphi_{CG} : P \rightarrow \mathfrak{GL}$
   jedem Teilchen p eine Farbkombination zuordnet

3. $\varphi_{FL} : P \rightarrow \mathfrak{FL}$
   jedem Teilchen p einen Flavour zuordnet

4. $s : P \rightarrow \{1/2\ n \mid n \in \mathbb{Z}\}$
   jedem Teilchen p einen Spin zuordnet.

5. $q : P \rightarrow \mathbb{Q}$
   jedem Teilchen p eine elektrische Ladung zuordnet.

6. $m : P \rightarrow \mathbb{R}_{\geq 0}$
   jedem Teilchen p eine Masse zuordnet.

7. $QN : P \rightarrow \{-1, 0, 1\}$
   jedem Teilchen p eine Quarkzahl zuordnet.[11]

[11] Siehe Abschnitt 5.2.3.

8. $BN : P \rightarrow \{-1, 0, 1\}$
   jedem Teilchen p eine Baryonzahl zuordnet.

9. $LN : P \rightarrow \{-1, 0, 1\}$
   jedem Teilchen p eine Leptonzahl zuordnet.

5.4 Aktuelle Modelle

Den nächsten Schritt in der Rekonstruktion von *S*MEP stellt die Definition der Menge M der Aktuellen Modelle dar. Im Gegensatz zu den Potenziellen Modellen erfüllen diese Modelle zusätzlich die *s*ubstantiellen Gesetze.

Definition 2 (Aktuelle Modelle)

$x = \langle \Pi, \varphi_C, \varphi_{CG}, \varphi_{FL}, s, q, m, QN, BN, LN \rangle$, wobei $EPO(\Pi)$ ist dann ein aktuelles Modell, $x \in M[SMEP]$ gdw:

0. $x \in M_p\ [SMEP]$.

1. für alle Teilchen $p \in P_i^+$ und alle Antiteilchen $p' \in P_i^-$ gilt
   $q(p) = r \rightarrow q(p') = -r$,
   $\varphi_C(p) = C \rightarrow \varphi_C(p') = \overline{C}$
   $\varphi_{CG}(p) = GL \rightarrow \varphi_{CG}(p') = \overline{GL}$
   $\varphi_{FL}(p) = F \rightarrow \varphi_{FL}(p') = \overline{F}$
   es gilt für alle $i = 1, \ldots, 37$, für alle $r \in \mathbb{R}$, für jedes $C \in \mathfrak{C}$, für jedes $GL \in \mathfrak{GL}$ und für jedes $F \in \mathfrak{FL}$
   wobei $W = \overline{W}, N = \overline{N}$.
   Anti-Teilchen weisen, verglichen mit den entsprechenden Teilchen, Anti-Farbladungen und Anti-Flavours auf. Weiterhin weist ihre Ladung das entgegengesetzte Vorzeichen auf.[12]

[12] Um im Rahmen einer Strukturalistischen Rekonstruktion die *P*otenziellen Modelle von den *A*ktuellen Modellen unterscheiden zu können, muss in jedem Fall

2. $\forall p \in P : \varphi_C(p) \neq W \leftrightarrow p \in P_Q$.
   Nur die Quarks können eine Ladung Farbladung ungleich W aufweisen.

3. $\forall p \in P : \varphi_{CG}(p) \neq WW \leftrightarrow p \in P_{GL}$.
   Nur die Gluonen können eine *F*arbkombination ungleich farbneutral aufweisen.

4. $\forall p \in P : \varphi_{FL}(p) \neq N \leftrightarrow p \in P_Q$.
   Nur die Quarks können eine Ladung *F*lavour ungleich N aufweisen.

5. $\forall p \in P : QN(p) \;=\; 0 \leftrightarrow p \notin P_Q$.
   Nur die Quarks können eine *Q*uarkzahl ungleich 0 aufweisen.

6. $\forall p \in P : LN(p) \;=\; 0 \leftrightarrow p \notin P_L$.
   Nur die Leptonen können eine *L*eptonenzahl ungleich 0 aufweisen.

5.5 Rekonstruktion von *S*MEP bei strenger Interpretation

In Abschnitt 2.8.2 wurde eingehend dargelegt, inwiefern es handfeste, empirische Anlässe dafür gibt, die Eigenschaft, *e*lementar zu sein, auf unterschiedliche Weise zu interpretieren. Analog zur Interpretation von

entschieden werden, ob ein Teil einer Theorie lediglich eine Definition darstellt oder tatsächlich ein *w*esentliches Gesetz.

Die Existenz von Teilchen und Anti-Teilchen ist von höchster Wichtigkeit für die moderne Physik, da sie alle bekannten Teilchen betrifft. Die Existenz der beiden Arten von Teilchen ist eine Konsequenz der Dirac-Gleichung, wobei die Anti-Teilchen eine Lösung für negative Werte der Energie darstellen [Thaller 1992]. Einige der Anti-Teilchen wie das Positron konnten bereits experimentell beobachtet werden.

Vor diesem Hintergrund stellt die Existenz von Anti-Teilchen ohne jeden Zweifel ein substantielles Gesetz dar, welches von den Aktuellen Modellen erfüllt werden muss.

W. Heisenberg, nach der Proton und Neutron jeweils unterschiedliche Weisen darstellen, in denen das Nukleon nachgewiesen werden kann, so werden in dieser Interpretation beispielsweise die Quarks u, c, t, d, s, b als verschiedene Weisen interpretiert, in denen das Teilchen Q nachgewiesen werden kann (siehe Tabelle 2.5 und Tabelle 2.6).

5.5.1 EPO^{str}

Vor der formalen Definition der potenziellen Modelle wird wiederum das Hilfskonstrukt, genannt 'Ontologie der Elementarteilchen' (EPO^{str}), eingeführt. Das Prädikat EPO^{str} wird jeweils auf eine Untermenge der untersuchten Teilchen angewendet und fasst im Wesentlichen die Ergebnisse der Tabellen 2.5 bis 2.6 zusammen.

$EPO^{str}(x)$ gdw $\exists\, P,\ P_{el},\ P_Q,\ P_L,\ P_F,\ P_{GL},\ P_{VB},\ P_{PH},\ P_{CG},\ i,\ j,$
$\mathfrak{C},\ C_1,\ C_2,\ C_3,\ C_4,\ C_5,\ C_6,\ C_7$
$\mathfrak{FL},\ FL_1,\ FL_2,\ FL_3,\ FL_4,\ FL_5,\ FL_6,\ FL_7,\ FL_8,$
$FL_9,\ FL_{10},\ FL_{11},\ FL_{12},\ FL_{13},$
$\mathfrak{GL},\ GL_1,\ GL_2,\ GL_3,\ GL_4,\ GL_5,\ GL_6,\ GL_7,\ GL_8,\ GL_9,$
$\mathfrak{WW},\ WW_s^1,\ WW_s^2,\ WW_s^3,\ WW_w^1,\ WW_w^2,\ WW_w^3,\ WW_e,$ so dass
$x = \langle P,\ P_{el},\ \mathfrak{C},\ \mathfrak{FL},\ \mathfrak{GL},\ \mathfrak{WW},\ I,\ +,\ -\rangle$ und

1. P ist eine endliche Menge verschieden von der leeren Menge
2. $P_{el} \in \mathfrak{P}(P)$ und $\parallel P_{el} \parallel = 15$
3. $I = \{1, \ldots, 15\}$ und $j : I \rightarrow P_{el}$[13]
4. $+ : P_{el} \rightarrow P_{el}$, wobei $+$ die Identitätsfunktion und $\parallel D_I^{(+)} \parallel = 15$[14]
5. $- : P_{el} \rightarrow P_{el}$, wobei $\parallel D_I^{(-)} \parallel = 15$
6. $\forall i \in I,\ i < 3,\ \forall\, P_i \in P_{el} : +(P_i) \bigcap -(P_i) = \varnothing$

[13]Wir schreiben 'P_i' für jedes $j(i) \in P_{el}$.
[14]'$\parallel D_I \parallel$' bezeichnet den Bereich einer Relation und '$\parallel D_{II} \parallel$' den Gegenbereich.

7. $\forall i \in I,\ 3 \leq i \leq 10,\ \forall P_i \in P_{el}:\ +(P_i) = -(P_i)$

8. $\forall i \in I,\ 13 \leq i \leq 15,\ \forall P_i \in P_{el}:\ +(P_i) = -(P_i)$

9. $+(P_{11}) = -(P_{12})$

0. $P_Q = +(P_1) \cup -(P_1)$

1. $P_L = +(P_2) \cup -(P_2)$

2. $P_F = P_Q \cup P_L$

3. $P_{GL} = \bigcup_{i=3}^{10} +(P_i)$

4. $P_{VB} = \bigcup_{i=11}^{13} +(P_i)$

5. $P_{PH} = +(P_{14})$

6. $\mathfrak{C} = \{ C_1, C_2, C_3, C_4, C_5, C_6, C_7\}$

7. $\mathfrak{FL} = \{ FL_1, FL_2, FL_3, FL_4, FL_5, FL_6, FL_7, FL_8, FL_9, FL_{10}, FL_{11}, FL_{12}, FL_{13}\}$

8. $\mathfrak{GL} = \{ GL_1, GL_2, GL_3, GL_4, GL_5, GL_6, GL_7, GL_8, GL_9\}$,

9. $\mathfrak{WW} = \{WW_s^1, WW_s^2, WW_s^3, WW_w^1, WW_w^2, WW_w^3, WW_e\}$ mit
   (a) $WW_i^1 \subseteq P \times P \times P$, für $i \in \{s, w, e\}$
   (b) $WW_i^2 \subseteq P \times P \times P$, für $i \in \{s, w\}$
   (c) $WW_i^3 \subseteq P^4$, für $i \in \{s, w\}$

Die Konstituenten einer Struktur x, die das Prädikat $EPO(x)^{str}$ erfüllen, müssen in der folgenden Weise verstanden werden:

1. P ist eine Menge von verschiedenen Teilchen. Im Rahmen der vorliegenden Rekonstruktion kann nicht auf das bedeutsame ontologische Problem eingegangen werden, dass entsprechend der üblichen Interpretation der Quantenphysik die Bedingungen für

eine eindeutige Individuation der Teilchen nicht gegeben sind. Jede mögliche Rekonstruktion von *S*MEP muss das Problem der Teilchenidentität behandeln, indem eine Beschreibung analog der klassischen Mechanik gewählt wird. Dies stellt natürlich eine Idealisierung dar. In diesem Zusammenhang ist es wichtig zu erwähnen, dass sich die *C*onstraints der strukturalistischen Rekonstruktion von *S*MEP ausschließlich auf Ensembles von Teilchen in einem potenziellen Modell beziehen und daher von dieser Idealisierung nicht betroffen sind.[15]

2. P_{el} ist eine Menge von *T*ypen (Äquivalenzklassen) von Teilchen. *S*MEP beschreibt 9 solcher Typen.

3. I ist ein numerischer Index, der dazu dient, die verschiedenen Teilchentypen in Kombination mit den Funktionen '+' und '-' zu unterscheiden, wodurch Typen und die jeweils korrespondierenden Anti-Typen unterschieden werden. Im Fall von drei Typen (P_3, P_6 und P_7) sind jeweils Typen und Antitypen identisch. Wenn $+(P_i)$ einen gegebenen Teilchentyp kennzeichnet, so $-(P_i)$ als Anti-Teilchentyp. Aus Gründen der besseren Verständlichkeit schreiben wir im Folgenden 'P_i^+' oder 'P_i^- ' anstelle von '$+P_i$' oder '$-P_i$ '.

4. Einige der *G*ruppen von Typen innerhalb von P_{el} tragen spezifische Bezeichnungen:
   P_Q ist die Zusammenstellung der Quarks (bestehend aus 6 Typen);
   P_L ist die Zusammenstellung der Leptonen (ebenfalls 2 Typen);
   P_F sind die Fermionen als Gesamtheit von Quarks und Leptonen;
   P_{GL} sind die Gluonen;
   P_{VB} sind die Vektorbosonen.

5. $\mathfrak{C}$ ist eine Zusammenstellung von „Eigenschaften", die üblicherweise als Farbladungen bezeichnet werden. Formal werden die Farbladun-

[15] Siehe Abschnitt 5.6.

gen betrachtet als nicht weiter analysierbare Entitäten, die mithilfe der Funktion φ_C den Teilchen zugeordnet werden können (siehe unten). Es werden die Farbladungen R (Rot), G(Grün), B(Blau), W (Farbneutral), $\overline{R}$ (Anti-Rot), $\overline{G}$ (Anti-Grün) und $\overline{B}$ (Anti-Blau) unterschieden.

6. Gleiches gilt für die Zusammenstellung $\mathfrak{FL}$ der als 'Flavours' bekannten Eigenschaften. Es werden die Flavours $U(Up)$, $C(Charme)$, $T(Top)$, $B(Bottom)$, $S(Strange)$, $D(Down)$, $N(Flavourneutral)$, $\overline{U}(Anti-Up)$, $\overline{C}(Anti-Charme)$, $\overline{T}(Anti-Top)$, $\overline{B}(Anti-Bottom)$, $\overline{S}(Anti-Strange)$ und $\overline{D}(Anti-Down)$ unterschieden.

7. $\mathfrak{GL}$ ist die Menge der Gluonenfarben. Diese bestehen jeweils aus Kombinationen von Farbladung und Anti-Farbladung. Es werden die Gluonfarben $R\overline{G}$, $R\overline{B}$, $G\overline{R}$, $G\overline{B}$, $B\overline{R}$, $B\overline{G}$, $\frac{1}{\sqrt{2}}(R\overline{R}-G\overline{G})$, $\frac{1}{\sqrt{6}}(R\overline{R}+G\overline{G}-2B\overline{B})$ und WW unterschieden.

8. Schließlich stellt $\mathfrak{WW}$ die Menge der Wechselwirkungen (Relationen) zwischen den Teilchen dar. $\mathfrak{WW}$ setzt sich zusammen aus der starken, der schwachen und der elektromagnetischen Wechselwirkung. Die meisten dieser Wechselwirkungen sind dreifache Relationen, da sie eine Wechselwirkung zwischen zwei Fermionen und einem Boson beschreiben oder eine Interaktion zwischen drei Bosonen (Selbstwechselwirkung). Es gibt aber auch jeweils eine strenge und eine schwache Wechselwirkung, die eine vierfache Wechselwirkung zwischen 4 Bosonen darstellt (Selbstwechselwirkung).

Die elementaren Wechselwirkungen erfüllen die folgenden Bedingungen:

1. $WW_s^1 \subseteq P_{GL} \times P_Q \times P_Q$
wobei $WW_s^1(a,b,c)$ eine starke Wechselwirkung zwischen den Fermionen b und c bezeichnet, die durch das Boson a vermittelt wird.[16]

2. $WW_s^2 \subseteq P_{GL} \times P_{GL} \times P_{GL}$
wobei $WW_s^2(b_1,b_2,b_3)$ eine starke Wechselwirkung zwischen den drei Gluonen b_1, b_2 und b_3 bezeichnet.

3. $WW_s^3 \subseteq P_{GL} \times P_{GL} \times P_{GL} \times P_{GL}$
wobei $WW_s^3(b_1,b_2,b_3,b_4)$ eine starke Wechselwirkung zwischen den vier Gluonen b_1, b_2, b_3 und b_4 bezeichnet.

4. $WW_w^1 \subseteq P_{VB} \times P_Q \times P_Q$
wobei $WW_w^1(a,b,c)$ eine schwache Wechselwirkung zwischen den Fermionen b und c bezeichnet, die durch das Vektorboson a vermittelt wird.[17]

5. $WW_w^2 \subseteq P_{VB} \times P_{VB} \times P_{VB}$
wobei $WW_w^2(b_1,b_2,b_3)$ eine schwache Wechselwirkung zwischen den drei Gluonen b_1, b_2 und b_3 bezeichnet.

6. $WW_w^3 \subseteq P_{VB} \times P_{VB} \times P_{VB} \times P_{VB}$
wobei $WW_w^3(b_1,b_2,b_3,b_4)$ eine schwache Wechselwirkung zwischen den vier Gluonen b_1, b_2, b_3 und b_4 bezeichnet.

[16] Die für die starke Wechselwirkung verantwortliche Ladung ist die Farbladung $\mathfrak{C}$. Formal kann diese Wechselwirkung durch Anwendung der Elemente der Gruppe $SU(3)$ beschrieben werden (Gruppe der unitären Matrizen der Dimension 3).

[17] Die für die schwache Wechselwirkung verantwortliche Ladung ist der Flavour $\mathfrak{FL}$. Formal kann diese Wechselwirkung durch Anwendung der Elemente der Gruppe $SU(2)$ beschrieben werden (Gruppe der unitären Matrizen der Dimension 2).

7. $WW_e^1 \subseteq P_{PH} \times P_{GT} \times P_{GT}$
   wobei $WW_e^1(a, b, c)$ eine elektromagnetische Wechselwirkung zwischen den Teilchen b und c bezeichnet, die durch das Photon a vermittelt wird.[18]

5.5.2 Potenzielle Modelle

Mithilfe des soeben eingeführten Hilfsprädikats EPO^{str} können nun die Potenziellen Modelle der untersuchten Theorie definiert werden:

Definition 3 (Potenzielle Modelle in strenger Interpretation)

$x = \langle\ \Pi,\ \varphi_C,\ \varphi_{CG},\ \varphi_{FL},\ s,\ q,\ m,\ QN,\ BN,\ LN\ \rangle$,
wobei $EPO^{str}(\Pi)$ mit $\Pi = \langle\ P,\ P_e,\ \mathfrak{C},\ \mathfrak{FL},\ \mathfrak{GL},\ \mathfrak{WW},\ I,\ j,\ +,\ -\rangle$

ist ein potenzielles Modell des Standardmodells $x \in M_p[SMEP^{str}]$ gdw.

1. $\varphi_C : P \rightarrow \mathfrak{C}$
   jedem Teilchen p eine Farbladung zuordnet,
2. $\varphi_{CG} : P \rightarrow \mathfrak{GL}$
   jedem Teilchen p ein Farbpaar zuordnet,
3. $\varphi_{FL} : P \rightarrow \mathfrak{FL}$
   jedem Teilchen p einen Flavour zuordnet,
4. $s : P \rightarrow \{1/2\ n \mid n \in \mathbb{Z}\}$
   jedem Teilchen p einen Spin zuordnet,
5. $q : P \rightarrow \mathbb{Q}$
   jedem Teilchen p eine elektrische Ladung zuordnet,

[18] Die für die elektromagnetische Wechselwirkung verantwortliche Ladung ist die elektrische Ladung l. Formal kann diese Wechselwirkung durch Anwendung der Elemente der Gruppe $SU(1)$ beschrieben werden (Gruppe der unitären Matrizen der Dimension 1).

6. $m : P \to \mathbb{R}_{\geq 0}$
   jedem Teilchen p eine Masse zuordnet,

7. $QN : P \to \{-1, 0, 1\}$
   jedem Teilchen p eine Quarkzahl zuordnet,[19]

8. $BN : P \to \{-1, 0, 1\}$
   jedem Teilchen p eine Baryonzahl zuordnet,

9. $LN : P \to \{-1, 0, 1\}$
   jedem Teilchen p eine Leptonzahl zuordnet.

5.5.3 Aktuelle Modelle

Den nächsten Schritt in der Rekonstruktion von SMEP^{str} stellt die Definition der Menge M der aktuellen Modelle dar.

Definition 4 (Aktuelle Modelle in strenger Interpretation)
$x = \langle \Pi,\ \varphi_C,\ \varphi_{CG},\ \varphi_{FL},\ s,\ q,\ m,\ QN,\ BN,\ LN \rangle$, wobei $EPO^{str}(\Pi)$

ist dann ein aktuelles Modell, $x \in M[SMEP^{str}]$ gdw:

0. $x \in M_p\ [SMEP]$.

1. für alle Teilchen $p \in P_i^+$ und alle Antiteilchen $p' \in P_i^-$ gilt
   $q(p) = r \to q(p') = -r$,
   $\varphi_C(p) = C \to \varphi_C(p') = \overline{C}$
   $\varphi_{CG}(p) = GL \to \varphi_{CG}(p') = \overline{GL}$
   $\varphi_{FL}(p) = F \to \varphi_{FL}(p') = \overline{F}$
   es gilt für alle $i = 1, \ldots, 15$, für alle $r \in \mathbb{R}$, für jedes $C \in \mathfrak{C}$, für jedes $GL \in \mathfrak{GL}$ und für jedes $F \in \mathfrak{FL}$
   wobei $W = \overline{W}, N = \overline{N}$.

[19] Siehe Abschnitt 5.2.3.

Anti-Teilchen weisen, verglichen mit den entsprechenden Teilchen, Anti-Farbladungen und Anti-Flavours auf. Weiterhin weist ihre Ladung das entgegengesetzte Vorzeichen auf.

2. $\forall p \in P : \varphi_C(p) \neq W \leftrightarrow p \in P_Q$.
   Nur die Quarks können eine Ladung *F*arbladung ungleich W aufweisen.

3. $\forall p \in P : \varphi_{CG}(p) \neq WW \leftrightarrow p \in P_{GL}$.
   Nur die Gluonen können ein *P*aar von Farbladungen ungleich WW aufweisen.

4. $\forall p \in P : \varphi_{FL}(p) \neq N \leftrightarrow p \in P_Q$.
   Nur die Quarks können eine Ladung *F*lavour ungleich N aufweisen.

5. $\forall p \in P : QN(p) = 0 \leftrightarrow p \notin P_Q$.
   Nur die Quarks können eine *Q*uarkzahl ungleich 0 aufweisen.

6. $\forall p \in P : LN(p) = 0 \leftrightarrow p \notin P_L$.
   Nur die Leptonen können eine *L*eptonzahl ungleich 0 aufweisen.

5.6 Constraints

Folgt man dem strukturalistischen Ansatz, so beinhaltet die vollständige Rekonstruktion einer empirischen Theorie T nicht nur die Spezifikation der Axiome und Modelle, sondern darüber hinaus die Rekonstruktion von internen und externen Links. Interne Links werden im Rahmen der Strukturalistischen Rekonstruktionen auch als *C*onstraints bezeichnet. Formal gesehen definiert jeder Constraint eine Beziehung zwischen verschiedenen potenziellen Modellen der gleichen Theorie. Im Fall der Rekonstruktion von physikalischen Theorien handelt es sich bei den Constraints in der Mehrzahl der Fälle um Symmetrien (bzw. Invarianzeigenschaften) oder Erhaltungssätze von T.

In der Rekonstruktion von SMEP liegen mindestens 3 wichtige Constraints C_1, C_2, C_3, vor, welche die Erhaltung der Summe der Quarkzahlen, der Baryonzahlen und der Leptonzahlen gewährleisten.

Im Folgenden schreiben wir $x \rightsquigarrow x' gdw.\ x = \langle P, ... \rangle \in M_p[SMEP]$ und $x' = \langle P', ... \rangle \in M_p[SMEP]$ potenzielle Modelle darstellen, die zum gleichen System S gehören. Formal handelt es sich dabei um eine Abfolge von potenziellen Modellen von SMEP zu verschiedenen Zeitpunkten $t \leq t'$. x repräsentiert den Zustand von S zum Zeitpunkt t, während x' den Zustand des gleichen Systems zum Zeitpunkt $t \geq t'$ darstellt.

Entsprechend wird angenommen, dass die Relation $\rightsquigarrow$ reflexiv, transitiv und antisymmetrisch ist, somit gilt:
Wenn $x \rightsquigarrow x'$ und $x' \rightsquigarrow x$, so folgt $x = x'$.
X sei eine nicht-leere Menge von potenziellen Modellen,
$X \subseteq M_P[SMEP]$.

Definition 5 (Constraint C_1 für die Erhaltung der Summe der Quarkzahlen $QN(p)$)

Auch dann, wenn sich die Flavours der einzelnen Quarks ändern, bleibt die Summe aller Quarkzahlen $QN(p)$ für die einzelnen Flavours jeweils unverändert, wenn jeweils zwei Modelle $x = \langle P, ... \rangle \in M_p[SMEP]$ und $x' = \langle P', ... \rangle \in M_p[SMEP]$ durch $\rightsquigarrow$ verknüpt sind. Quarks und ihre Anti-Teilchen können somit nur in Paaren erzeugt und vernichtet werden:

$$X \in C_1 \Leftrightarrow \forall x, x' \in X (x \rightsquigarrow x' \Rightarrow \sum_{p \in P} QN(p) = \sum_{p \in P'} QN(p)).$$

Definition 6 (Constraint C_2 für die Erhaltung der Summe der Baryonzahlen $BN(p)$)

Unabhängig von möglichen Wechselwirkungen, die zwischen den Teilchen eines Ensembles stattfinden, bleibt die Summe aller Baryonzahlen

$BN(p)$ beim Übergang zwischen zwei Modellen x und x' unverändert. Baryonen und ihre Anti-Teilchen können somit nur in Paaren erzeugt und vernichtet werden:

$$X \in C_2 \Leftrightarrow \forall x, x' \in X(x \rightsquigarrow x' \Rightarrow \sum_{p \in P} BN(p) = \sum_{p \in P'} BN(p)).$$

Definition 7 (Constraint C_3 für die Erhaltung der Summe der Leptonzahlen $LN(p)$)

Unabhängig von möglichen Wechselwirkungen, die zwischen den Teilchen eines Ensembles stattfinden, bleibt die Summe aller Baryonzahlen $LN(p)$ beim Übergang zwischen zwei Modellen x und x' unverändert. Leptonen und ihre Anti-Teilchen können somit nur in Paaren erzeugt und vernichtet werden:

$$X \in C_3 \Leftrightarrow \forall x, x' \in X(x \rightsquigarrow x' \Rightarrow \sum_{p \in P} LN(p) = \sum_{p \in P'} LN(p)).$$

Die Existenz dieser drei Contraints beweist, dass die zentralen Elemente des strukturalistischen Ansatzes auf SMEP in einer überzeugenden Weise angewendet werden kann.[20]

5.7 Links

Als Konsequenz der Tatsache, dass sich SMEP aus den Komponenten Theorie der starken Wechselwirkung, Theorie der elektroschwachen Wechselwirkung, Auflistung der Fermionen sowie Auflistung der Konstanten zusammensetzt, bestehen mehrere Links zwischen den potenziellen Modellen von SMEP und denen anderer Theorien.

Konkret lassen sich dabei mindestens zwei Links definieren:

[20] Aus physikalischer Sicht muss im Zusammenhang mit den genannten drei Erhaltungssätzen betont werden, dass diese nicht unabhängig voneinander sind. Da ein Baryon aus 3 Quarks besteht, folgt aus der Erhaltung der Summe der Baryonzahlen in jedem Fall die Erhaltung der Summe der Quarkzahlen.

Definition 8 (Link L_1 zwischen *S*MEP und Theorie der starken Wechselwirkung (WW_s))

$L_1 \subseteq M_p[SMEP] \times M_p[WW_s]$.

Der Link verbindet u.a. die Farbladung der Quarks, die sowohl in *SMEP* als auch in WW_s beschrieben und daher in den potenziellen Modellen beider Theorien aufgeführt wird.

Definition 9 (Link L_2 zwischen *S*MEP und Theorie der elektroschwachen Wechselwirkung (WW_{ew}))

$L_2 \subseteq M_p[SMEP] \times M_p[WW_{ew}]$.

Der Link verbindet u.a. die elektrische Ladung, die sowohl in *SMEP* als auch in WW_{ew} beschrieben und daher in den potenziellen Modellen beider Theorien aufgeführt wird.

5.8 T-*t*heoretische Terme von *S*MEP

5.8.1 Theoriehierarchien

Ein zentrales Element der strukturalistischen Theorienkonzeption stellt die auf die jeweilige Theorie bezogene Unterscheidung zwischen *t*heoretischen und *n*icht-theoretischen Begriffen dar. Ein hinsichtlich einer konkreten Theorie T *t*heoretischer Begriff setzt für seine Bestimmung jeweils bereits die Gültigkeit von T voraus, während die *n*icht-theoretischen Begriffe diese Gültigkeit nicht voraussetzen.[21]

In Kapitel 4 wurde die Abfolge der verschiedenen Theoretizitätskriterien im vergangenen Jahrhundert beschrieben. Nachdem insbesondere im Rahmen der Zweistufenkonzeption die theoretischen Terme vor-

[21]Im Rahmen der Rekonstruktion der klassischen Mechanik stellt die Masse ein Beispiel dar für einen solchen T-theoretischen Term: Um die Masse bestimmen zu können, muss die Gültigkeit der klassischen Mechanik vorausgesetzt werden, da alle Methoden zur Bestimmung auf dieser Gültigkeit beruhen.

wiegend negativ definiert wurden (als diejenigen Entitäten, die nicht beobachtet werden können), betrat Sneed mit seiner Konzeption Neuland. Es sei an dieser Stelle nochmals daran erinnert, in welcher Weise Stegmüller den Ansatz von Sneed charakterisiert[22] [Stegmüller 1973], S. 47.

> *„Theoretisch in Bezug auf eine Theorie T sind genau diejenigen Größen oder Funktionen, deren Werte sich nicht berechnen lassen, ohne auf diese Theorie T selbst (genauer: auf die erfolgreich angewendete Theorie T) zurückzugreifen.“*

Im vorhergehenden Kapitel wurde anhand der wichtigsten Etappen die Abfolge der verschiedenen Theoretizitätskriterien beschrieben, die im Anschluss an die Zweistufenkonzeption formuliert wurden:

1. Die intuitive Definition von Sneed [Sneed 1971], gefolgt von den Präzisierungen durch Stegmüller, Tuomela und Kamlah.

2. Die Konzeption von Balzer, Moulines und Sneed in [Balzer et al. 1987], in der insbesondere die *M*essmodelle eine zentrale Rolle spielen.

3. Die rein formale Definition durch Gähde [Gähde 1983] [Gähde 2002].

Wie in diesem Zusammenhang erläutert wurde, übernehmen die erwähnten Theoretizitätskriterien den Grundgedanken von Sneed und versuchen, das von ihm intuitiv formulierte Kriterium zu präzisieren mit dem Ziel, bei einem vorgegebenen Term eindeutig ein Urteil hinsichtlich der Frage zu ermöglichen, ob es sich bei dem vorliegenden Term um einen T-theoretischen oder aber einen T-nichttheoretischen Term handelt.

---

[22]:

Übernommen wurde von den auf Sneed folgenden Autoren insbesondere die Konzeption der Theorienhierarchie:[23]

> *„Theoriehierarchien. Es ist bereits darauf hingewiesen worden, dass wegen der Relativierung des Begriffs theoretisch auf eine Theorie T_1-theoretische Begriffe in der Regel zu T_2-nicht-theoretischen werden, wenn T_2 eine ‚der Ordnung nach spätere' Theorie in dem Sinn ist, dass T_2 Begriffe von T_1 benutzt, während T_1 ohne die Begriffe von T_2 auskommt."*

Somit gehen alle genannten Theoretizitätskriterien davon aus, dass ein hinsichtlich einer Theorie T_1 T_1-theoretischer Begriff dann T_2-nicht-theoretisch ist, wenn von der Theorie T_2 die Gültigkeit der Theorie T_1 vorausgesetzt wird. Aus diesem Grund ist es erforderlich, die Stellung von SMEP innerhalb der zugehörigen Theorienhierarchie zu analysieren.

5.8.2 Analyse der Elemente von $M_p[SMEP]$

In der Familie der physikalischen Theorien nimmt das Standardmodell der Elementarteilchenphysik SMEP insofern eine spezielle Position ein, als es aus folgenden Komponenten besteht:

1. aus der Theorie der starken Wechselwirkung,
2. aus der Theorie der elektroschwachen Wechselwirkung,
3. aus der Auflistung der Fermionen,
4. aus der Aufzählung der relevanten Naturkonstanten.

Diese Komponenten von SMEP spiegeln sich in den potenziellen Modellen von SEMP wieder. Daher sei an die explizite Form der

[23] [Stegmüller 1973], S. 60.

potenziellen Modelle in Kap. 5 erinnert: In einem ersten Schritt wird aus Gründen der Übersichtlichkeit das Prädikat *E*PO eingeführt. Danach erfolgt die Definition der potenziellen Modelle:

$x = \langle\ \Pi,\ \varphi_C,\ \varphi_{CG},\ \varphi_{FL},\ s,\ q,\ m,\ QN,\ BN,\ LN\ \rangle$,

wobei $EPO(\Pi)$ mit $\Pi = \langle\ P,\ P_e,\ \mathfrak{C},\ \mathfrak{FL},\ \mathfrak{GL},\ \mathfrak{WW},\ I,\ j,\ +,\ -\rangle$.

In den potenziellen Modellen lassen sich verschiedene Mengen und Relationen unterscheiden:

1. Die Mengen P und P_{el}. P ist die Menge aller Teilchen, deren Existenz für die Rekonstruktion von *S*EMP vorausgesetzt werden muss.[24] P_{el} ist die Menge aller Elementarteilchen, die Elemente dieser Menge sind durch die Auflistung der Fermionen gegeben.

2. $\mathfrak{C}$, die Menge der Farbladungen mit den Elementen R, G, B, W, $\overline{R}$, $\overline{G}$, $\overline{B}$.

   Die Farbladungen sind Charakteristika der Quarks, sie werden in der Theorie der starken bzw. der elektroschwachen Wechselwirkung beschrieben.

3. $\mathfrak{FL}$, die Menge der Flavours mit den Elementen U, C, T, B, S, D, N, $\overline{U}$, $\overline{C}$, $\overline{T}$, $\overline{B}$, $\overline{S}$, $\overline{D}$.

   Die Farbladungen sind Charakteristika der Quarks, sie werden in der Theorie der starken bzw. der elektroschwachen Wechselwirkung beschrieben.

4. $\mathfrak{GL}$, die Menge der Gluonenfarben mit den Elementen $R\overline{G}$, $R\overline{B}$, $G\overline{R}$, $G\overline{B}$, $B\overline{R}$, $B\overline{G}$, $\frac{1}{\sqrt{2}}(R\overline{R} - G\overline{G})$, $\frac{1}{\sqrt{6}}(R\overline{R} + G\overline{G} - 2B\overline{B})$, WW.

   Die Gluonenfarben sind Charakteristika der Gluonen, sie werden in der Theorie der starken Wechselwirkung beschrieben.

[24]Siehe hierzu Anmerkung 10 in Abschnitt 5.

5. $\mathfrak{WW}$, die Menge der elementaren Wechselwirkungen mit den Elementen
WW_s^1, WW_s^2, WW_s^3, WW_w^1, WW_w^2, WW_w^3, WW_e.

   Diese Funktionen werden in der Theorie der starken sowie der Theorie der elektroschwachen Wechselwirkung beschrieben.

6. Die Menge $I = \{1, \dots, 37\}$.

   Diese Menge wird in dieser Rekonstruktion für die Zuordnung von Teilchen und Antiteilchen eingeführt.

7. Die Funktionen $j : I \to P_{el}$.

   Diese Funktion ordnet jedem Element der Menge I eine Untermenge aus P_{el} zu. Diese Funktion wird in dieser Rekonstruktion für die Zuordnung von Teilchen und Antiteilchen eingeführt.

8. Die Funktionen $+ : P_{el} \to P_{el}$, $- : P_{el} \to P_{el}$

   Diese Funktionen beschreiben den Übergang von einem Elementarteilchen zu seinem Antiteilchen und umgekehrt. Die Eigenschaften dieses Übergangs werden in der Auflistung der elementaren Fermionen definiert.

9. die Funktionen $\varphi_C : P \to \mathfrak{C}$, $\varphi_{CG} : P \to \mathfrak{GL}$, $\varphi_{FL} : P \to \mathfrak{FL}$.

   Sie ordnen den Elementarteilchen jeweils eine Farbladung, eine Gluonenfarbe oder einen Flavour zu. Diese Zuordnung von Eigenschaften zu den Teilchen wird in der Theorie der starken bzw. der elektroschwachen Wechselwirkung beschrieben.

10. die Funktionen $s : P \to \{1/2\, n \mid n \in \mathbb{Z}\}$, $q : P \to \mathbb{Q}$, $m : P \to \mathbb{R}_{\geq 0}$.

    Sie ordnen den Elementarteilchen jeweils einen Spin, eine elektrische Ladung und eine Masse zu. Die Zuordnung der Eigenschaften zu den verschiedenen Elementarteilchen wird in der Auflistung der elementaren Fermionen definiert.

1. die Funktionen $QN : P \rightarrow \{-1, 0, 1\}$, $BN : P \rightarrow \{-1, 0, 1\}$, $LN : P \rightarrow \{-1, 0, 1\}$.

   Sie ordnen den Elementarteilchen jeweils eine Quarkzahl, eine Barionzahl sowie eine Leptonzahl zu. Die Zuordnung der Eigenschaften zu den verschiedenen Elementarteilchen wird in der Auflistung der elementaren Fermionen definiert.

Aus dieser Analyse ergibt sich, dass alle Elemente von $M_p[SMEP]$ in der Theorie der elektroschwachen Wechselwirkung, der Theorie der starken Wechselwirkung sowie der Auflistung der elementaren Fermionen definiert werden. Da *S*MEP zwingend die Gültigkeit der Theorie der elektroschwachen Wechselwirkung, der Theorie der starken Wechselwirkung sowie die Auflistung der elementaren Fermionen voraussetzt, ist hinsichtlich *S*MEP eine Theoretizität der Elemente von $M_p[SMEP]$ aufgrund der Stellung von *S*MEP innerhalb der zugehörigen Theorienhierarchie ausgeschlossen. Unabhängig davon, welches der im vorhergehenden Abschnitt untersuchten Theoretizitätskriterien herangezogen wird, können somit in $M_p[SMEP]$ keine *T*-theoretischen Terme auftreten.

5.8.3 Definition von $M_{pp}[SMEP]$

Aus strukturalistischer Sicht ergibt sich aus der beschriebenen Analyse, dass in $M_p[SMEP]$ keine *T*-theoretischen Terme vorkommen. Folglich sind für $[SMEP]$ potenzielle und partielle potenzielle Modelle identisch:

Definition 10 (Partielle Potenzielle Modelle)

$M_p[SMEP] = M_{pp}[SMEP]$.

Bis zum gegenwärtigen Zeitpunkt wurde in nahezu allen Rekonstruktionen von Theorien mit einer Mindestkomplexität die Existenz von

T-theoretischen Begriffen beschrieben. Die Tatsache, dass die Rekonstruktion von SMEP keine derartige Beschreibung von T-theoretischen Begriffen enthält, stellt eindeutig eine Anomalie dar. Entsprechend der üblichen strukturalistischen Interpretation kann dies als ein Zeichen dafür verstanden werden, dass das Standardmodell keine Theorie im engeren Sinne darstellt, da es keine für diese Theorie originären Begriffe definiert.

Die Rekonstruktion des Periodensystems der chemischen Elemente[25] ist eine Anwendung des strukturalistischen Ansatzes, die in einigen Aspekten der hier vorgestellten Rekonstruktion ähnelt. Bei dieser Rekonstruktion erhebt sich in ähnlicher Weise wie bei der in dieser Arbeit vorgestellten Rekonstruktion die Frage, ob es sich bei dem Periodensystem um eine Theorie im engeren Sinn handelt.

Diese Tatsache verstärkt die Frage danach, ob das SMEP eine Theorie im üblichen Sinn darstellt oder aber lediglich eine Synthese verschiedener, an einem anderen Ort formulierter Theorien.

5.8.4 Ist *S*MEP eine echte Theorie?

In Abschnitt 5.8 wurde gezeigt, dass SMEP keine T-theoretischen Terme im engeren Sinne aufweist. Dies stellt in der Reihe der bislang vollständig strukturalistisch rekonstruierten Theorien[26] eindeutig eine Anomalie dar. Nach klassischem, strukturalistischen Verständnis gehört zur Identität einer Theorie eindeutig die Existenz von T-theoretischen Termen. Das Fehlen dieser Terme im Fall von SMEP legt somit die Frage nahe, ob es sich bei SMEP um eine Theorie im eigentlichen Sinne handelt.

Wie in Kapitel 2 gezeigt wurde, bestehen viele Analogien zwischen der Entstehungsgeschichte des Periodensystems und der Entstehungsgeschichte von SMEP. In beiden geht es darum, eine Menge von Enti-

[25] [Balzer et al. 1996].

[26] Einen guten Überblick hierüber gibt [Balzer et al. 2000].

täten (die einzelnen chemischen Elemente im Fall des Periodensystems, die Elementarteilchen im Fall von *S*MEP) in ein Ordnungssystem zu gruppieren. Ein weiteres, sehr einfaches Beispiel für ein derartiges Klassifikationsschema sind die *M*ultipletts, in denen sich bekannte Elementarteilchen sowie aus wenigen Elementarteilchen zusammengesetzte Teilchen zusammenfassen lassen.[27]

Im Fall der *M*ultipletts scheint die Entscheidung hinsichtlich der Frage, ob es sich hierbei tatsächlich um eine Theorie handelt, eindeutig zu sein: Kein Physiker würde z. B. das Dekuplett in Abbildung 2.1 als eine *T*heorie bezeichnen. Auch wenn das Dekuplett u.a. die Voraussage der Existenz des Teilchens Ω sowie die Prognose der Masse dieses Teilchen mit einer erstaunlichen Präzision ermöglichte, so stellt es trotzdem lediglich eine Zusammenfassung von Objekten in einem gemeinsamen Rahmen dar. Gleiches gilt für die Tabelle 2.1, in der verschiedene bekannte Teilchen nach Eigenschaften wie Masse, Ladung und Spin klassifiziert werden.

Schwieriger scheint die Entscheidung im Fall des Periodensystems zu sein. Wie Hettema und Kuipers in ihrer Rekonstruktion dieses Systems zeigen,[28] weist diese Rekonstruktion einen theoretischen Term auf, die atomare Zählfunktion z, sofern man die Atomtheorie nicht berücksichtigt. In diesem Zusammenhang wird von den Autoren die Unterscheidung zwischen *p*roper theories und *e*mpirical laws verwendet:[29]

---

[27] Erläuterungen hierzu finden sich insbesondere in Abschnitt 2.5.2.

[28] [Hettema et al. 1988].

[29] [Hettema et al. 1988], S. 301.

E. R. Scerri geht noch einen Schritt weiter und sieht in seiner Erwiderung auf die Rekonstruktion durch Hettema und Kuipers im Periodensystem in keinem Fall eine Theorie, unabhängig von der Frage nach der Existenz von T-theoretischen Termen [Scerri 1997], S. 239.

„Furthermore, the mere presence of a single implicit theoretical term within the periodic law does not appear to provide sufficient grounds for the claim that the naive periodic law should be regarded

„Orderings of domains are themselves suggestive of several different sorts of lines of further research. As we would expect from our earlier discussion, some such problems (and associated lines of research) have to do with clarification and extension of the domain: for example, refinements of measurements of the property or properties on the basis of which the ordering is made, with a view of refining the ordering: or the search for other properties which vary concomitantly with those properties. Answers to such problems are not what one would naturally call "theories" [...] Nor does the fact that the ordering sometimes allows predictions to be made (for example, predictions of new elements and their properties on the basis of the periodic table) turn such ordered domains into "theories".“

Aus strukturalistischer Sicht kann man im Verlauf einer Rekonstruktion spätestens dann von einer eigenen Theorie sprechen, wenn es möglich ist, ein Theorieelement $\mathbf{T} = \langle \mathbf{K}, \mathbf{I} \rangle$, bestehend aus dem Theoriekern K und der Menge der intendierten Anwendungen I zu formulieren. Unabhängig davon, ob sich in der strukturalistischen

in hindsight as a theory. The periodic systems, both naive and sophisticated, are systems of classification which are devoid of theoretical status in much the same way as the Linnean system of biological classification or the Dewey decimal system of library classification. None of these systems can be regarded as theories since they do not seek to explain the facts but merely to classify them. However, the fact that the periodic system, even in its early stages, was capable of predicting unknown elements such as germanium, in addition to accommodating the properties of all the known elements, suggests that it constitutes a more natural system of classification than systems used to classify library books for example.“

In eine ähnliche Richtung geht die Analyse von D. Shapere [Shapere 1974], S. 534.

Rekonstruktion von [SMEP] theoretische Terme bestimmen lassen, handelt es sich somit aus strukturalistischer Sicht bei SMEP nicht nur um ein empirical law, sondern um eine ausgebildete Theorie.

5.8.5 *S*MEP als akkumulative Theorie

Wie bereits in Abschnitt 5.8 erläutert, existieren keine T-theoretischen Begriffe hinsichtlich SMEP. Daher stellt sich die Frage, inwiefern SMEP - im strengen Sinn - als eine Theorie angesehen werden kann. Welche Einstufung auch immer erfolgt, in jedem Fall stellt SMEP überwiegend eine Zusammenfassung der Ergebnisse einer Vielzahl verschiedener Theorien dar. Darüber hinaus erlaubt das Modell jedoch auch neue Einsichten.

Es gibt im Gegensatz zum Periodensystem der Elemente eine vollständige Auflistung aller Elementarteilchen und Wechselwirkungen. Aus diesem Grund kann SMEP als ein Paradigma einer *a*kkumulativen Theorie angesehen werden. Auf diese Weise erlaubt die Rekonstruktion von SMEP neue Einsichten in philosophische Probleme wie die im Umfeld der Quantentheorie.

5.9 Intendierte Anwendungen

Jedes Theorie-Element von SMEP hat die folgende Form:

$SM = \langle K(SMEP), I(SMEP)\rangle.$

wobei K folgendes Quintupel darstellt

$K(SM) = \langle M_p(SMEP), M(SMEP), M_{pp}(SMEP), C, L\rangle.$

Für die intendierten Anwendungen I gilt:

$I(SMEP) \subseteq (M_{pp}(SMEP)).$

In der Interpretation des Strukturalismus stellt die Menge der intendierten Anwendungen I den empirischen Teil einer Theorie dar. Die Menge der intendierten Anwendungen einer empirischen Theorie ist die Gesamtheit derjenigen konkreten Systeme, auf die die Theorie erfolgreich angewendet werden kann.

Im Fall von SMEP ist eine intendierte Anwendung ein System, welches zutreffend durch die Theorie beschrieben werden kann. Dies kann zum Beispiel ein experimentelles Arrangement wie die Beschleunigung von Teilchen in einem physikalischen Institut sein. An dieser Stelle muss die Tatsache unterstrichen werden, dass in den meisten Fällen zumindest einige der Elemente von EPO leer sind. Auch wenn dies in einzelnen Fällen zu sehr einfachen Modellen führen kann, gefährdet dies nicht die strukturalistische Rekonstruktion.

Jedes System $i \in I$ stellt eine intendierte Anwendung von SMEP dar. Ein Beispiel für eine derartige intendierte Anwendung von SMEP ist der Beta-Zerfall: In diesem Beispiel zerfällt ein Neutron in ein Proton, wobei Strahlung und ein Anti-Elektron-Neutrino freigesetzt werden, vermittelt durch ein W^{-}-Boson. Wie in jeder Interpretation von Experimenten der Teilchenphysik stellt die Beobachtung einen problematischen Aspekt dar: Elementarteilchen können nicht in gleicher Weise beobachtet werden wie makroskopische Teilchen. Vielmehr wird aus den Ergebnissen von verschiedenen Messungen auf die Existenz der Elementarteilchen geschlossen.[30]

Die hier vorgestellte Rekonstruktion erlaubt es, hinsichtlich der intendierten Anwendungen empirische Ergebnisse vorher zu sagen. So erlauben zum Beispiel die vorliegenden Modelle die Vorhersage, dass es unmöglich ist, andere Teilchen als die Quarks zu entdecken, die eine Ladung Farbladung aufweisen. In der Geschichte der Teilchenphysik konnte die Existenz von vielen Teilchen wie dem $T - Quark$ etliche Jahre vor der experimentellen Bestätigung voraus gesagt werden. Die

[30] [Cartwright 1983], [Falkenburg 1994].

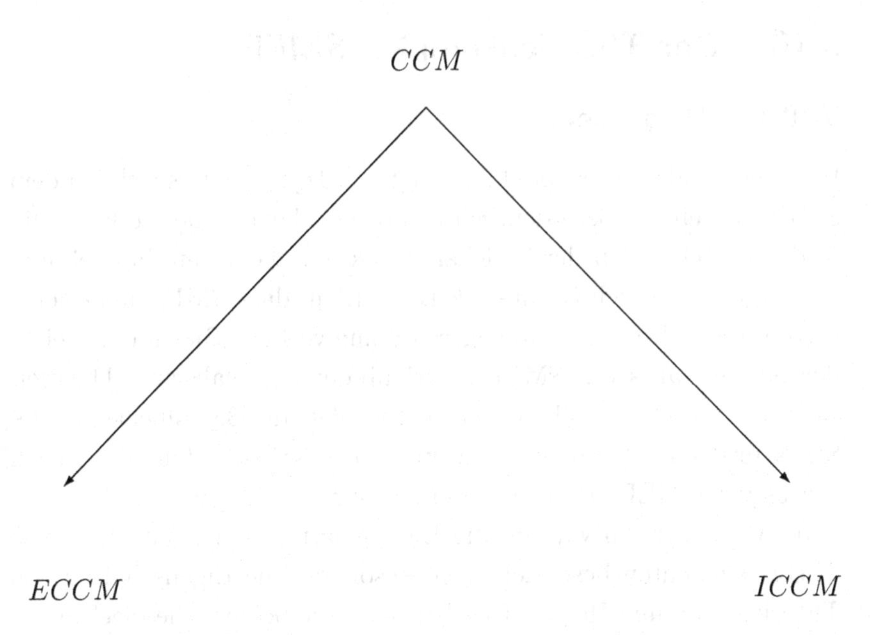

Abbildung 5.1: Der aus *C*CM, *E*CCM und *I*CCM bestehende Theoriebaum.

Vorhersage war in einigen Fällen die Konsequenz von allgemeinen Prinzipien wie der Symmetrie oder der Konsistenz von Teilchenmengen. In der hier vorgestellten Rekonstruktion wird *S*MEP als ein Mittel zur Strukturierung des *T*eilchenzoos gesehen. Es ist nicht das Ziel dieser Rekonstruktion, eine strukturalistische Beschreibung dieser generellen Grundsätze zu geben.

5.10 Der Theorienkomplex *S*MEP

5.10.1 Theorienetze

Wie insbesondere in Kapitel 2 gezeigt wurde, handelt es sich bei dem *S*MEP um eine außerordentlich komplexe Theorie, die die Ergebnisse der Forschung in der Teilchenphysik aus mehreren Jahrzehnten vereinigt. Zusätzlich konnte gezeigt werden, dass *S*MEP über keine theoretischen Entitäten im engeren Sinne verfügt. Dies unterstreicht den Sonderstatus von *S*MEP innerhalb der physikalischen Theorien. In diesem Abschnitt soll nun versucht werden, die Begrifflichkeiten des Strukturalismus heranzuziehen, um den wissenschaftstheoretischen Status von *S*MEP genauer zu untersuchen.

In Abschnitt 3.6 wurden die Eigenschaften von Komplexen von Theorieelementen beschrieben, insbesondere die Eigenschaften von Theorienetzen und Holons. Gegeben seien die beiden Theorieelemente T und T', wobei $T =< M_p,\ M,\ M_{pp},\ GC,\ GL,\ I >$,
$T' =< M_p',\ M',\ M_{pp}',\ GC',\ GL',\ I' >$.
T' ist eine idealisierte Spezialisierung von T ($T'\ \sigma\ T$) gdw:

1. $M_p' = M_p,\ M_{pp}' = M_{pp},$

2. $M' \subseteq M,\ GC' \subseteq GC,\ GL' \subseteq GL,\ I' \subseteq I.$

Ein Theorienetz ist nun ein komplexes Gebilde von Theorieelementen, die jeweils durch die Spezialisierungsrelation σ miteinander verknüpft sind. Handelt es sich bei dem Theoriennetz um ein solches, bei dem die Basis ein Singleton darstellt,[31] so wird es als Theoriebaum bezeichnet. Als ein Beispiel für einen derartigen Theorienbaum wurde das aus *C*CM (klassische Stoßmechanik), *E*CCM (elastische Stoßmechanik) und *I*CCM (inelastische Stoßmechanik) bestehende Theoriennetz genannt (siehe Abbildung 5.1).

[31] Siehe hierzu die Erläuterungen im Abschnitt 3.6.

Eine Spezialisierung der Theorie T durch die Theorie T' beinhaltet hierbei eine ausgezeichnete Richtung. Die Spezialisierung kann dadurch entstehen, dass in den aktuellen Modellen weitere Axiome hinzugefügt werden, so dass diese neuen Modelle exakt auf spezifische Anwendungen zugeschnitten sind. Dadurch gilt für die Mengen der intendierten Anwendungen $I' \subseteq I$,

T' weist somit eine exaktere Axiomatisierung auf. Genau aus diesem Grund wird aber zugleich die Menge der intendierten Anwendungen verkleinert, da die Theorie T' nur für einen Teil der intendierten Anwendungen von T gedacht ist. Insofern stehen die beiden Theorien T und T' logisch nicht auf gleicher Ebene, vielmehr setzt T' jeweils die Theorie T bereits voraus, da sie deren Aussagen präzisiert.

Innerhalb der Theorien, deren Ergebnisse durch *S*MEP zusammengefasst werden, gibt es lokale Beispiele für derartige Theoriennetze bzw. für Theorienbäume. Wie der Name schon sagt, werden durch die Theorie der elektroschwachen Wechselwirkung die Theorien der schwachen und der elektromagnetischen Wechselwirkung zusammengeführt. In physikalischer Interpretation stellt die elektroschwache Wechselwirkung eine solche Wechselwirkung dar, welche unterhalb einer Schwellenenergie in zwei verschiedenen Formen nachgewiesen werden kann, als die bekannte elektromagnetische bzw. als die bekannte schwache Wechselwirkung (Abbildung 5.2).

Eine Interpretation von *S*MEP in seiner *G*esamtheit als ein Theorienetz erscheint vor dem Hintergrund der involvierten Theorien hingegen nicht sinnvoll. So handelt es sich bei den Theorien der starken Wechselwirkung (Quantenchromodynamik) und der elektromagnetischen Wechselwirkung (Quantenelektrodynamik) um Theorien, die sich in ihrer Grundstruktur ähneln,[32] jedoch keineswegs um die Spezialisierung einer Theorie durch eine andere.

[32]Dies wird im Abschnitt 2.4 im Hinblick auf die mathematische Struktur der jeweiligen Theorien erläutert.

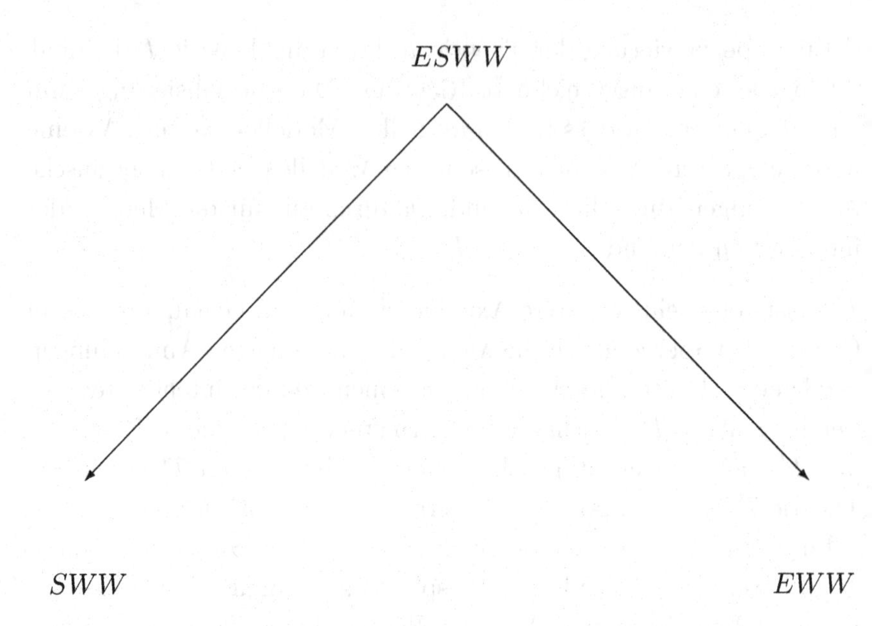

Abbildung 5.2: Der aus elektroschwacher (ESWW), schwacher (SWW) und elektromagnetischer Wechselwirkung (EWW) bestehende Theoriebaum.

5.10.2 Holon

Neben der Interpretation von *S*EMP als einem Theorienetz stellt die Interpretation als ein *H*olon eine weitere Möglichkeit im Rahmen der strukturalistischen Analyse dar. Im Abschnitt 3.6 wurden die Eigenschaften eines *H*olons ausführlich beschrieben. Gemäß dieser Beschreibung ist ein Holon eine Menge

$H = < N, \lambda >,$

bestehend aus N, einer Menge von Theorieelementen, und der Relation λ (Verknüpfungsrelation), durch die gewährleistet wird, dass jeweils bestimmte Elemente der potenziellen Modellen der durch λ verbundenen Theorien identisch sind. Im Rahmen der strukturalistischen

Interpretation stellen *H*olons sehr umfassende Komplexe dar wie „Die Gesamtheit der astronomischen Theorien“oder „Die Gesamtheit der modernen Naturwissenschaften“.

Ohne Zweifel stellt *S*MEP *a*uch eine Agglomeration einer ungeheuren Menge verschiedenster Theorien dar, zwischen denen sich zumindest teilweise Verknüpfungen durch eine Verknüpfungsrelation λ definieren lassen. Insoweit lässt sich *S*MEP *a*uch als ein Holon „Die Gesamtheit der modernen Teilchenphysik“interpretieren.

Zugleich ist diese Interpretation im Hinblick auf den physikalischen Befund zu schwach und unterschlägt die Pointe von *S*MEP. Es handelt sich bei dieser Theorie um eine abgeschlossene Theorie in dem Sinne, dass mit Ausnahme des Higgs-Bosons alle beschriebenen Teilchen und Wechselwirkungen experimentell nachgewiesen wurden und die Existenz von weiteren Teilchen oder Wechselwirkungen ausgeschlossen wird. Sollte neben den bekannten Typen von Quarks u, c, t, d, s, b ein 7. Flavour von Quarks entdeckt werden, so würden hierdurch zentrale Aussagen von *S*MEP sowie der hierdurch verknüpften Theorien in Frage gestellt.

In dieser Hinsicht unterscheidet sich *S*MEP grundlegend von der Theorie des Periodensystems. Dieses Klassifikationssystem der chemischen Elemente wird durch die Entdeckung neuer Elemente ständig erweitert, ohne dass hieraus umfassende Änderungen der Grundaussagen dieses Systems resultieren. Im Jahre 2009 wurde als letzte Erweiterung das Element *C*opernicium in das Periodensystem eingefügt,[33] nachdem die Existenz dieses kurzlebigen Atoms bestätigt wurde, welches 1986 im GSI in Darmstadt entdeckt wurde.

Die Tatsache, dass es sich bei *S*MEP nicht nur um ein Holon handelt, lässt sich auch durch einen Blick auf die potenziellen Modelle bzw. auf *E*PO belegen. In einem Holon existiert nicht in dieser Weise ein ausgezeichnetes potenzielles Modell wie in dieser Rekonstruktion.

[33] [Hofmann et al. 1996].

Vielmehr stellt ein Holon eine durch verschiedene *L*inks untereinander verknüpfte Menge von Theorieelementen dar.

5.11 Ontologische Priorität

Wie schon an früherer Stelle diskutiert (Abschnitt 5.2.3), kann die herausgehobene Stellung des *S*tandardmodells gegenüber anderen physikalischen Theorien hinsichtlich der ontologischen und nomologischen Priorität charakterisiert werden: Die ontologische Priorität von *S*MEP beruht auf der Tatsache, dass diese Theorie das Ziel verfolgt, eine vollständige Theorie aller bekannten Formen von Materie zu formulieren, so dass alle physikalischen Objekte aus Elementarteilchen bestehen, wie von der Theorie gefordert. Auf der anderen Seite liegt eine nomologische Priorität in der Tatsache, dass alle physikalischen Wechselwirkungen mit Ausnahme der Gravitation von drei grundlegenden Wechselwirkungen abgeleitet werden können, die in der vorliegenden Rekonstruktion beschrieben wurden. Aus einem metatheoretischen Standpunkt haben sowohl die ontologische als auch die nomologische Priorität zur Folge, dass alle Theorien zu *S*MEP (oder einer geeigneten Erweiterung von *S*MEP) reduziert werden können. Hierbei müssen zwei Aspekte getrennt werden:

1. Eine nomologische Reduzierung beinhaltet, dass die Gesetze der reduzierten Theorie in einer bestimmten Weise von der reduzierenden Theorie abgeleitet bzw. reduziert werden können. Hierin liegt die Kernidee der klassischen Reduzierung nach E. Nagel. Die gleiche Idee ist auch in umfänglicher ausgearbeiteten Ansätzen zur Reduktion zu beobachten.[34]

2. Ontologische Reduktion bedeutet, dass alle Objekte, deren Existenz durch die reduzierte Theorie gefordert wird, auf gewisse Weise

[34] So z.B. in [Balzer et al. 1987].

zusammengesetzt sind aus Objekten, die durch die reduzierende Theorie beschrieben werden.

In vielen philosophischen Diskussionen wird das Konzept der Reduktion oft mit der nomologischen Reduktion gleichgesetzt, so dass keine Unterscheidung getroffen wird zwischen der nomologischen und der ontologischen Bedeutung. Aus den vorstehenden Ausführungen sollte deutlich geworden sein, dass in dieser Rekonstruktion die ontologische Reduktion eindeutig die wichtigere ist. Dementsprechend wird nicht der Anspruch erhoben, eine systematische Darstellung der ontologischen Reduktion und ihrer Beziehung zu anderen intertheoretischen Relationen zu formulieren. Trotzdem sollen an dieser Stelle die wichtigsten intertheoretischen Relationen beschrieben werden, durch die SMEP mit anderen physikalischen Theorien verknüpft wird.

1. Sowohl die klassische Quantenmechanik als die klassische Feldtheorien (wie die Maxwell'sche Theorie) können in eine Quantenfeldtheorie (QFD) oder eine Spezialisierung davon eingebettet werden. Auf diese Weise ist die geeignete intertheoretische Relation die $n$äherungsweise Reduzierung, wobei diese Reduzierung sowohl in ontologischer als auch in nomologischer Hinsicht erfolgt, insofern von der einbettenden und der eingebetteten Theorie angenommen wird, dass sie die gleichen Objekte aus verschiedenen theoretischen Perspektiven beschreiben (Teilchen und Felder). Die näherungsweise Reduzierung einer Theorie T auf eine andere Theorie T beinhaltet, dass T physikalische und mathematische Bedingungen spezifiziert, unter denen die Gesetze von T zumindest näherungsweise wahr sind. So sind zum Beispiel aus der Perspektive der QFD elektromagnetische Felder zusammengesetzt aus Photonen und die Gesetze der klassischen Elektrodynamik gelten näherungsweise in Quantenzuständen, solange die relative Unsicherheit $n/ < n >$ der angenommenen Anzahl von Photonen klein ist.

2. Entsprechend der Beschreibung des SMEP können alle Wechselwirkungen mit Ausnahme der Gravitation jeweils auf WW_1, WW_2 oder WW_3 reduziert werden. Jede dieser Wechselwirkungen wird beschrieben durch eine entsprechende (spezialisierte) Version von QFD. Die entsprechenden Korrespondenzen werden nun aufgeführt:

   a) WW_s (starke Wechselwirkung): Quantenchromodynamik (QCD)
   b) WW_w (schwache Wechselwirkung): Quantentheorie der schwachen Wechselwirkung (QWI)
   c) WW_e (elektromagnetische Wechselwirkung): Quantenelektrodynamik (QED)

   Wie allgemein bekannt können QWI und QED zu einer vereinten Theorie der elektromagnetischen und schwachen Wechselwirkung (Theorie der elektroschwachen Wechselwirkung, QEWI) kombiniert werden. An diese Stelle sei die Vermutung geschildert, dass alle diese Theorien vom allgemeinen Formalismus der Quantenfeldtheorie (QFD) abgeleitet werden können, indem geeignete Axiome und Constraints zugefügt werden. Aus einer strukturalistischen Sicht stellen demnach QCD, QWI, QED und QEWI jeweils Spezialisierungen von QFD dar. Offensichtlich bleibt dabei die Ontologie die gleiche, da T und T' die gleiche Menge von potenziellen Modellen aufweisen, solange T' durch eine Spezialisierung von T erhalten wird.

   Sollte dies zutreffen, erhebt sich die schwierige Frage nach der intertheoretischen Relation zwischen QFD und SMEP. Eine mögliche Antwort besteht darin, SMEP als die Summe aller relevanten Theorien zu deuten, die sich mit den Gegenständen der Teilchenphysik befassen. In diesem Falle würde QFD ein Teil von SMEP sein. Es soll an dieser Stelle betont werden, dass dies lediglich eine der möglichen Interpretationen von $\mathcal{S}$MEP darstellt.[35]

3. Wie in Abschnitt 5.2.3 dargelegt wurde, konzentriert sich diese Rekonstruktion vorwiegend auf die ontologischen Aspekte von $\mathcal{S}$MEP, da die Beschreibung der nomologischen Reduktion nichts weniger als die vollständige Rekonstruktion der Quantenfeldtheorie erfordert.

   Wenn die soeben formulierten Betrachtungen über die ontologische Priorität von $\mathcal{S}$MEP zutreffen, so sind alle obigen Theorien ontologisch reduzierbar auf $\mathcal{S}$MEP, da alle bekannten Formen der Materie (Teilchen und Felder) aus Elementarteilchen (Fermionen und/oder Bosonen) zusammengesetzt sind.

   Natürlich müssen alle diese Interpretationen durch eine eingehende metatheoretische Analyse substantiviert werden. Offensichtlich erfordert eine formale Analyse der intertheoretischen Relationen eine vollständige Rekonstruktion der beteiligten Theorien wie QFD, QED etc. So gesehen stellt die hier vorgelegte Rekonstruktion von $\mathcal{S}$MEP lediglich einen wichtigen ersten Schritt innerhalb eines großen Forschungsprojektes dar, welches erst ausgeführt werden muss.

[35] Andere Interpretationen betonen die Unabhängigkeit von QFD, wodurch die Integration in $\mathcal{S}$MEP ausgeschlossen wird.

6 Ontologie der Elementarteilchen

6.1 Überblick

In Kapitel 2 wurde erläutert, in welcher Weise in SMEP die Ergebnisse der modernen Elementarteilchenphysik zusammengeführt werden. In Kapitel 5 wurde weiterhin gezeigt, inwiefern sich SMEP mit den Werkzeugen des wissenschaftstheoretischen Strukturalismus überzeugend rekonstruieren lässt.

Vor dem Hintergrund dieser Rekonstruktion stellt sich nun die philosophische Frage nach dem ontologischen Status der Elemente der potenziellen Modelle von SMEP, insbesondere nach der Ontologie der Elemente der Menge der Teilchen P. Wie zu Beginn der Darstellung von SMEP erläutert wurde, lässt sich jede Form von Materie, also jeder Tisch, jeder Stein und jede biologische Zelle, als aus Atomen aufgebaut verstehen, die wiederum auf die letzten Bausteine, die Elementarteilchen, zurückgeführt werden können.

Somit beeinflusst die Charakterisierung der Elementarteilchen direkt unser Verständnis von Materie bzw. in philosophischer Sicht von Substanz. Ausgangspunkt der ontologischen Analyse in diesem Kapitel ist daher die Charakterisierung der Substanz im Werk des Aristoteles. Darauf aufbauend wird gezeigt, inwiefern die Tropenontologie einen geeigneten Weg darstellt, um die besonderen Eigenschaften der Elementarteilchen ontologisch abzubilden.

6.2 Grundeigenschaften der Elementarteilchen

Zu Beginn dieses Abschnittes werden nochmals einige wichtige Eigenschaften verschiedener Arten von Elementarteilchen erläutert. Bei dem Elektron sowie dem Proton geht man jeweils nach heutigem Stand von einer Lebensdauer aus, die deutlich über dem Alter des Universums (also der verstrichenen Zeit seit dem Urknall) liegt.

6.2.1 Leptonen

Das bekannteste Lepton ist das Elektron. Es handelt sich beim Elektron um das leichteste, geladene Elementarteilchen.[1] Aufgrund der Energieerhaltung kann es sich daher nicht in ein anderes Teilchen umwandeln. In der Tat konnte bis heute kein Zerfall eines Elektrons empirisch nachgewiesen werden. Daher wird das Lepton e heute als stabil angesehen, die Lebenszeit wird mit mindestens 10^{24} Jahren angesetzt.

Im Rahmen meiner Arbeit gehe ich von einem fundamentalen Lepton L aus, welches einen Freiheitsgrad $Leptonen - Flavour$ aufweist. Je nach Wert dieses Freiheitsgrades kann das Lepton L in einer der 6 bekannten Formen e, μ, τ bzw. ν_e, ν_μ, ν_τ nachgewiesen werden. Umwandlungen der Leptonen ineinander sind somit möglich. Der Leptonen-Flavour stellt keine Erhaltungsgröße dar, da durch die Neutrino-Oszillationen unterschiedliche Neutrinos ineinander umgewandelt werden können.

6.2.2 Quarks

Die Quarks sind die Bestandteile der Hadronen und der Mesonen. Hadronen wir Neutron und Proton setzen sich jeweils aus 3 Quarks zusammen. Quark-Antiquark-Paare können bei Proton-Antiproton-Kollisionen erzeugt werden.

[1]Siehe hierzu Tabelle 2.2.

In schweren Neutronensternen kann die Gravitation evtl. Neutronen in Einzelquarks zerlegen, wobei sich z. B. ein d-Quark in ein s-Quark umwandelt. Die gewöhnliche Materie besteht aus u- und d-Quarks, da die Neutronen und Protonen ausschließlich aus diesen Teilchen aufgebaut sind.

Im Rahmen meiner Arbeit gehe ich von einem fundamentalen Quark Q aus, welches einen Freiheitsgrad $Quark-Flavour$ aufweist. Je nach Wert dieses Freiheitsgrades kann das Quark Q in einer der 6 bekannten Formen d, u, s, c, b, t bzw. nachgewiesen werden. Umwandlungen der 6 Arten von Quarks ineinander sind möglich und u.a. anderem notwendige Voraussetzung für den β-Zerfall . Der Quark-Flavour stellt keine Erhaltungsgröße dar.
Im Gegensatz dazu stellt die Baryonzahl eine strenge Erhaltungsgröße dar. Hierdurch wird die Stabilität der Quarks bzw. der aus Quarks aufgebauten Teilchen garantiert. Das Quark Q wird heute als stabil angesehen.

6.2.3 Proton

Zusammen mit dem Neutron ist das Proton für ca. 99 % der Masse des sichtbaren Universums verantwortlich. Bei dem Proton handelt es sich um das leichteste Baryon, wegen der notwendigen Erhaltung der Baryonzahl muss es daher stabil sein. Die aktuellen Experimente setzen eine Lebenszeit von mindestens 10^{32} Jahren an. Das Proton besteht aus Valenzquarks, die umgeben werden von einem See aus Gluonen sowie Quark-Antiquark-Paaren. Nur 5 % der Masse eines Protons stammen von den Valenzquarks her, der Rest aus der Bewegungsenergie.

Im Fall des Protons muss zwischen der Situation bei freien und gebundenen Protonen unterschieden werden. Als eine notwendige Konsequenz aus der möglichen Umwandlung von u- und d-Quarks ineinander ergibt sich die Möglichkeit der Umwandlung von Protonen und Neutronen ineinander, da sich die beiden Baryonen lediglich hinsichtlich eines des Quark-Flavours eines Quarks unterscheiden (p entspricht der Konfiguration uud, n entspricht der Konfiguration udd).

Freie Protonen

Die Stabilität des Protons ist eine Grundvoraussetzung für die Stabilität der Materie. Gleichwohl wird von einigen Theorien, die über das Standardmodell hinausgehen, der Zerfall dieses Baryons vorausgesagt. Dies bedeutet, dass das Proton lediglich eine große Halbwertsbreite und damit eine sehr lange mittlere Lebensdauer hat. Da ein solcher Zerfall das aktuelle Bild der Elementarteilchenphysik grundlegend ändern würde, wird ein immenser experimenteller Aufwand getrieben, um einen derartigen Zerfall nachzuweisen.

Trotz intensiver Suche konnte bis heute kein einziger Protonenzerfall nachgewiesen worden.[2] Es sind grundsätzlich mehrere Wege denkbar, auf denen ein Proton zerfällt. Eine mögliche Variante ist der Zerfall in ein Positron und ein neutrales Pion, das dann weiter zu Strahlung (Photonen) zerfällt:

$$p \rightarrow e^{+}\pi^{0} \tag{6.1}$$

[2] Eines der bekanntesten Experimente wird seit 1996 in Japan durchgeführt. 1.000 Meter unter der Stadt Kamiokande befindet sich ein Tank mit 50.000 t reinem Wasser. Ca. 11.000 Zerfallsdetektoren registrieren jedes auftretende Zerfallsereignis. Bis zum heutigen Datum konnte noch kein Zerfall eindeutig nachgewiesen werden.

Die Ergebnisse dieses Experimentes deuten darauf hin, dass das Proton eine mittlere Lebenszeit von mindestens 10^{32} Jahren aufweist. Damit liegt sie weit über der Lebensdauer des Universums ($1,3 \times 10^{10}$ Jahre). Um eine Lebensdauer zu ermitteln, die größer ist als das Alter des Universums, wird eine entsprechende Anzahl von Atomen beachtet. Bei einer unterstellten Lebenszeit von z. B. 10^{32} Jahren müssen in einem Ensemble von 10^{33} Teilchen pro Jahr durchschnittlich 10 Zerfälle nachweisbar sein.

Protonen in Atomen

Wie im vorangegangenen Abschnitt beschrieben wurde, konnte bis heute kein Zerfall eines Protons nachgewiesen werden. Im Gegensatz dazu ist die Umwandlung von Protonen in Neutronen und umgekehrt durchaus möglich und findet auf viele Weisen statt. Die relevante Erhaltungsgröße für die Baryonen Protonen und Neutronen ist die Baryonenzahl. Da Protonen und Neutronen die gleiche Baryonzahl aufweisen, bleibt bei diesen Umwandlungen die Baryonzahl erhalten. Ein bekanntes Beispiel für die Umwandlung von Neutronen in Protonen ist der sog. Beta-Zerfall:

$$n \rightarrow p + e^- + \overline{\nu}_e + 0,78\ MeV. \tag{6.2}$$

Für die Umwandlung von Protonen in Neutronen gibt es verschiedene Möglichkeiten. Eine häufig vorkommende Variante ist der sog. K-Einfang:

$$p + e^- \rightarrow n + \nu_e. \tag{6.3}$$

In protonenreichen Atomen tritt weiterhin häufig der sog. β^+ -Zerfall auf, bei dem sich ein Proton in ein Neutron sowie weitere Teilchen aufspaltet:

$$p \rightarrow n + e^+ + \nu_e \tag{6.4}$$

6.3 Zur Stabilität der Materie

Wie in der obigen Auflistung gezeigt wurde, setzt sich die gewöhnliche, uns umgebende stabile Materie aus den Elektronen sowie den Quarks zusammen. Aus den Quarks setzen sich wiederum die Baryonen Neutron und Proton zusammen. Diese Leptonen, die Quarks und die aus Quarks bestehenden Baryonen weisen nach heutigem Kenntnisstand Lebensdauern auf, die deutlich über dem Alter des Universums liegen.

Dies bedeutet, dass die uns umgebende Materie wie das Holz eines Stuhles Protonen und Elektronen enthält, die zum Teil aus der Phase unmittelbar nach dem Urknall stammen.[3]

Zugleich finden ständig Umwandlungen der elementaren Teilchen wie die Umwandlung der Baryonen ineinander, im Rahmen der Neutrinooszillation die Umwandlung der verschiedenen Neutrinos ineinander sowie die Umwandlung der Quarks mit verschiedenem Flavour ineinander statt. Allein schon dies ist ein deutlicher Hinweis darauf, dass sich im Rahmen der modernen Teilchenphysik sowie insbesondere der Quantenphysik das Verständnis von Materie gegenüber der klassischen Physik fundamental geändert hat.

Eine ontologische Analyse der Elementarteilchen, die im folgenden Abschnitt mit den Begrifflichkeiten der Tropenontologie versucht werden soll, muss diese beiden Gegenpole (eine sehr große Stabilität einerseits, eine ständige Umwandlung verschiedenster Teilchen ineinander andererseits) beide im Blick behalten.

6.4 Substanzontologie des Aristoteles

Sucht man einen geeigneten Ausgangspunkt für eine philosophische Charakterisierung der Materie, so führt kein Weg an der Substanzontologie des Aristoteles vorbei. In den Werken des Aristoteles wird die Substanz an verschiedenen Orten behandelt. Hierbei gilt es zu beachten, dass der Terminus *S*ubstanz von Aristoteles in verschiedener Weise verwendet wird.[4]

6.4.1 Begriffsgeschichte *S*ubstanz

Im Werk des Aristoteles ist an vielen Stellen von der *o*usia die Rede. In den lateinischen Übersetzungen der Aristotelischen Werke wurde dies

[3] Siehe hierzu Abschnitt 2.3.1.

[4] [Rapp 2005].

mit *s*ubstantia übersetzt, woraus wiederum der Deutsche Ausdruck *S*ubstanz gebildet wurde.

In der Metaphysik verweist Aristoteles bei seiner Frage nach der Substanz auf seine Vorgänger und deren Frage danach, was das *e*igentlich Seiende sei. Für die Milesischen Philosophen stellten die konkreten Dinge des Alltags jeweils Manifestation eines einzigen Urstoffes dar; so ist z.B. nach Thales alles aus dem Wasser entstanden. Insofern ist für Thales das Wasser das eigentlich Seiende.

Für die Atomisten stellen konkrete Gegenstände wie Steine jeweils Aggregate von Atomen dar. Daher sind für sie die Steine nur vorübergehend existent, während die Atome die eigentlich existierenden Entitäten sind.

Platon wiederum bezeichnet die unvergänglichen Ideen als die *o*usia und stellt diese als die eigentlich seienden Entitäten den vergänglichen Gegenständen der Erfahrung gegenüber, die veränderlich und vergänglich sind und daher nur ontologisch defizitäre Abbilder der eigentlich seienden Ideen darstellen.[5]

6.4.2 Substanz in verschiedenen Bedeutungen

Im Werk des Aristoteles wird der Terminus *o*usia, der wie beschrieben dem heutigen Begriff *S*ubstanz entspricht, in verschiedener Weise thematisiert. Gemeinsam ist diesen verschiedenen Verwendungen des Begriffs Substanz das Bemühen, jeweils zu klären, bei welchen Entitäten es sich um die *e*igentlich existierenden handelt. Im Folgenden seien drei zentrale Verwendungen des Terminus *o*usia im Werk des Aristoteles beschrieben.

1. Die bekannteste Verwendung der Bezeichnung Substanz wird in der Schrift *K*ategorien auf Dinge mittlerer Größe wie Menschen oder Tiere bezogen:[6]

[5] Hierzu [Brückner 1999].
[6] Aristoteles *K*ategorien 2 a 11 -14, in: [Aristoteles 1998], S. 9.

> *„Wesenheit ist im eigentlichen Sinne und in unmittelbarster Erfassung und in stärkstem Maße ausgesprochen als die, welche weder von einem Zugrundeliegenden ausgesagt wird noch an einem Zugrundeliegenden auftritt, z. B. dieser bestimmte Mensch, dies bestimmte Pferd.“*

Diese Interpretation der *o*usia wird für unsere weitere Argumentation zentral sein. Sie impliziert, dass es sich bei den konkreten Einzeldingen wie einem einzelnen Mensch oder einem einzelnen Pferd deshalb um das vorrangig seiende handelt, weil sie als Subjekte für Eigenschaften dienen, während sie selbst keiner weiteren Entitäten bedürfen.

2. Im XII. Buch der Metaphysik werden drei verschiedene *o*usiai unterschieden:[7]

   > *„Der Wesen sind drei; erstens das sinnlich wahrnehmbare; von diesem ist das eine ewig, das andere vergänglich, das alle anerkennen, z. B. die Pflanzen und die Lebewesen, wovon die Elemente gefunden werden müssen, mag es nun eines oder mehrere sein. Zweitens das unbewegliche (Wesen).“*

   Diese ontologische Schichtung erinnert in gewisser Weise an die Konzeption Platons, in der es neben den Ideen und den konkreten Einzeldingen, die Abbilder der Ideen darstellen, weitere ontologische Abstufungen gibt, z. B. in Form der mathematischen Entitäten.

3. Eine weitere Verwendung des Ausdrucks *o*usia findet sich in den Büchern VII und VIII der *M*etaphysik. Hier postuliert Aristoteles, dass die Form (*e*idos) die erste ousia und somit das im eigentlichen Sinne Existente sei.

[7] *M*etaphysik XII. 1, 1069a 30 ff., in: [Aristoteles 1980], S. 235.

Es besteht nun keineswegs ein Widerspruch zwischen diesen verschiedenen Konzeptionen der *o*usia.[8] Eine mögliche Verbindung insbesondere der ersten und der letzten beschriebenen Verwendung besteht darin, dass man durch die ontologische Priorisierung der Form eine Erklärung dafür zu geben versucht, *w*arum die Einzeldinge die im eigentlichen Sinne existierenden Entitäten darstellen sollen.

Auch wenn man die Argumentation der Kategorien übernimmt, nach der die Einzeldinge die *o*usiai und damit die im eigentlichen Sinn existierenden Entitäten darstellen, so ist damit insofern noch nichts über die genaue ontologische Charakterisierung dieser Entitäten gesagt. Es soll nun untersucht werden, inwiefern sich die Konzeption des Aristoteles, wonach Einzeldinge die Substanzen darstellen, durch eine ontologische Charakterisierung unter Verwendung der Begrifflichkeiten der Tropenontologie ablösen lässt.

6.5 Tropenontologie

Wie in diesem Abschnitt gezeigt werden soll, können mit Hilfe der Tropenontologie die Grundeigenschaften der Elementarteilchen überzeugend charakterisiert werden.

Eine *T*rope unterscheidet sich grundsätzlich von einem *w*esentlichen Teil. Eine Trope ist eine Entität, die von einer anderen Entität abhängt, ohne deren Teil zu sein. So ist ein Quark essentieller Teil eines Protons, aber keine Trope. Beispiele für Tropen sind das Lächeln eines bestimmten Menschen oder die Farbe eines konkreten Gegenstands. sie entsprechen den individuellen Akzidentien in der Konzeption des Aristoteles.[9]

Beispiele für Tropen sind natürlich auch die Eigenschaften der Elementarteilchen, wie z.b. die Masse oder die elektrische Ladung der

[8] [Rapp 2005], S. 160 ff.

[9] Daher verwendet P. Simons in seinen frühen Arbeiten den Terminus *i*ndividual accident.

Elektronen zu einem bestimmten Zeitpunkt. Wichtig für die Charakterisierung der Tropen ist hierbei der Umstand, dass die Tropen keineswegs immer voneinander unabhängig sind. So muss jedes Elektron jeweils die gleiche Masse sowie die gleiche Ladung aufweisen. Zugleich hat jedes Elektron zu jedem Zeitpunkt eine Geschwindigkeit sowie einen Ort, die sich beide im Laufe der Zeit ändern können.

Nach Ansicht des Autors eignet sich die Tropenontologie besser als andere Ansätze, um eine ontologische Charakterisierung der Elementarteilchen zu erreichen. Wie in den vorhergehenden Kapiteln beschrieben, stellt die moderne Elementarteilchenphysik, die auf den Ergebnissen der Quantenphysik beruht, einen fundamentalen Bruch mit der klassischen Teilchenphysik dar. An dieser Stelle sei nur an die Problematik der Nichtindividuierbarkeit von Elementarteilchen erinnert. Vor diesem Hintergrund lässt sich auf vielfältige Weise angeben, was z.B. ein Elektron *n*icht ist. Wesentlich schwieriger scheint hierbei eine positive Aussage über dessen Eigenschaften. Was sich über ein derartiges Elektron aus Sicht der Physik mit hoher Genauigkeit aussagen lässt sind die Eigenschaften, die in Tab. 2.2 aufgeführt sind. Mit anderen Worten ist eine Aussage darüber, ob ein Elektron materiell oder nicht ist, sehr problematisch. Die Aussage, dass ein Elektron, sofern es nachgewiesen wird, in jedem Fall eine Masse von $0,511 MeV$ aufweisen muss, ist hingegen unbestritten. Insofern eignen sich Konzeptionen wie die der Tropenontologie für die in diesem Kapitel versuchte Charakterisierung der Elementarteilchen, da sie konkret an einzelnen Eigenschaften ansetzen, die die Elementarteilchen zu bestimmten Zeiten aufweisen.

Um die verschiedenen Arten, in denen Tropen zusammen auftreten können, näher zu charakterisieren, haben sich in der Vergangenheit drei verschiedene Modelle etabliert, die Substrattheorie, die Bündeltheorie und die Nukleustheorie.[10]

[10] Siehe [Simons 1994].

6.5.1 Substrattheorie

In der Substrattheorie wird neben den Tropen ein nicht näher spezifiziertes Substrat eingeführt. Dieses Substrat, welches der *prima materia* im Buch *Z* der Metaphysik des Aristoteles entspricht, stellt den Träger der jeweiligen Tropen dar.

Das in der Bündeltheorie auftretende Problem, auf welche Weise sich materielle Entitäten aus immateriellen Tropen zusammengesetzt verstehen lassen, kann in einfacher Weise durch die zusätzliche Einführung eines derartigen *S*ubstrates gelöst werden. Die Einführung des zusätzlichen Substrates erzeugt jedoch ihrerseits neue Fragen. Entsprechend der überarbeiteten Konzeption gibt es nun ein Substrat und verschiedene Tropen, die notwendig auf die Existenz des Substrates angewiesen sind, um durch ihre Koexistenz die Existenz eines Gegenstands zu ermöglichen. Somit muss nun zusätzlich die Beschaffenheit dieses Substrates sowie die Relation zwischen dem Substrat und den Tropen erklärt werden.[11]

6.5.2 Die Bündeltheorie

Nach dieser Theorie stellt ein konkreter Gegenstand jeweils eine Menge oder ein *B*ündel von Tropen dar. Dieses Modell scheint sehr naheliegend und attraktiv. Es kommt aus, ohne weitere ontologische Schichten wie ein grundlegendes Substrat einführen zu müssen. Folgt man der Bündeltheorie, so stellen Substanzen jeweils Mengen von Eigenschaften dar, die durch die Äquivalenzrelation der zeitgleichen Koexistenz (üblicherweise als *c*ompresence bezeichnet) verbunden sind. Dies bedeutet, dass die Tropen zur gleichen Zeit am gleichen Ort koexistieren.

Die Bündeltheorie stellt eine grundlegende Abkehr von der Konzeption des Aristoteles dar, als sie durch den Verzicht auf ein grundlegendes

[11] [Simons 1994], S. 565.

Substrat noch einen Schritt weitergeht. Nach klassischem Verständnis sind die Tropen unselbstständige Eigenschaften, die notwendig ein Substrat benötigen, an dem sie auftreten können. In der Bündeltheorie hingegen bestehen die Substanzen lediglich aus einem Kollektiv von Tropen. Ein wichtiger Vorteil der Bündeltheorie liegt in der ontologischen Ökonomie: Neben den Tropen muss keine zweite ontologische Kategorie eingeführt werden, deren Wesen wiederum erklärungsbedürftig ist. Einen weiteren, wichtigen Grund für das Abweichen von der Aristotelischen Konzeption stellt insbesondere im Fall der Elementarteilchen die Konzeption des *S*ubstrates dar. Während sich bei den klassischen Beispielen für die Konzeption, z.B. das eines Standbildes, ohne Mühen ein Substrat angeben lässt, aus dem das Standbild gefertigt wird, lässt sich dies insbesondere im Fall der Elementarteilchen nicht durchführen, da hier ein Substrat, auf welches sich die Tropen z.B. eines Quarks beziehen sollen, nicht angeben lässt, es sei denn, im Rahmen der Nukleusthorie.

Auch wenn die Bündeltheorie auf diese Weise insbesondere aufgrund ihrer ontologischen Sparsamkeit dem Ockhamschen Ökonomieprinzip entspricht, lassen sich verschiedene Einwände gegen diesen Ansatz formulieren. Diese Einwände beziehen sich vorwiegend auf die Relation der *c*ompresence sowie auf die Frage, inwiefern diese Theorie die Existenz konkreter Materie erklären kann. Hinsichtlich der Relation der *c*ompresence gibt es mehrere mögliche Kritikpunkte. So ist nicht von vornherein klar, ob es sich hierbei um eine Relation zwischen zwei Tropen oder aber um eine Relation zwischen einem Ort und zwei Tropen handelt.[12]. Weiterhin ist die Bündeltheorie zu wenig spezifisch, um den Fall zu erklären, dass in einer Substanz eine Trope notwendig, eine andere Trope hingegen kontingent vorkommt. Um diesen Umstand befriedigend zu erklären, muss innerhalb der Menge aller Tropen einer vorliegenden Entität zwischen den notwendigen

[12]Hierzu insbesondere [Simons 1994], S. 558 ff.

und kontingenten Tropen der Substanz beschrieben werden, wie dies erst im Rahmen der Nukleustheorie erfolgt.

Die zweite Klasse von Einwänden gegen die Bündeltheorie erhebt die Frage, wie erklärt werden kann, dass sich konkrete, materielle Entitäten aus immateriellen Tropen bilden lassen. Eine mögliche Erklärung hierfür findet sich bei E. Husserl.[13]

6.5.3 Nukleustheorie

Die zuvor geschilderten, ontologischen Probleme lassen es geraten scheinen, eine dritte Variante der Tropentheorie zu berücksichtigen, die *N*ukleustheorie. Diese Variante der Tropentheorie wurde in der Vergangenheit insbesondere von P. Simons vertreten.[14] Um die Vorzüge dieser Konzeption zu erläutern, sei an den Unterschied von notwendigen und kontingenten Tropen erinnert, die an den gleichen Gegenständen vorkommen. So hat z.B. ein Elektron jederzeit *n*otwendig eine Masse von $0,511 MeV$ sowie eine Ladung von -1. Der Ort des Elektrons kann sich hingegen natürlich ändern, er stellt eine *k*ontingente Trope dar. Da die Unterscheidung zwischen *k*ontingent und *n*otwendig im Zusammenhang mit den physikalischen Eigenschaften der Elementarteilchen missverständlich ist, wird diese Unterscheidung in diesem Kapitel durch diejenige zwischen *v*eränderlichen und *u*nveränderlichen Tropen ersetzt.

Dieser Unterschied lässt sich durch eine zweistufige Konzeption abbilden. Den Kern (*N*ukleus) einer Entität stellen diejenigen Tropen dar, die unveränderlich in der Relation der *c*ompresence auftreten. Dieser Kern verkörpert die individuelle Essenz einer Substanz, den Wesenskern. Um den Kern lagert der *H*alo als eine Schicht von veränderlichen Tropen. *K*ern und *H*alo bilden gemeinsam eine vollständige Substanz.

---

[13] [Husserl 1970], S. 475.

[14] [Simons 1994], [Simons 2000].

Die Relation zwischen den Tropen im Nukleus sowie denen im Halo ist asymmetrisch: Die veränderlichen Tropen im Halo setzen für ihre Existenz notwendig die Existenz aller Tropen des Nukleus voraus, während die Tropen im Kern lediglich jeweils die Existenz einer der Tropen der entsprechenden Familie voraussetzen. So setzt in unserem Beispiel eines konkreten Elektrons zum Zeitpunkt t_i die gemessene Trope *G*eschwindigkeit v_i für ihre Existenz die Trope *L*adung −1 voraus. Im Gegenzug setzt der Nukleus des Elektrons nicht die konkreten Existenz der Trope *G*eschwindigkeit v_i, sondern lediglich die Existenz einer Trope v voraus.

Die Nukleustheorie verbindet insofern Aspekte von Bündeltheorie und Substrattheorie: Der Nukleus stellt ein festes Bündel von Tropen dar, welches zugleich als Substrat für das lose Bündel der veränderlichen Tropen dient. Einen Vorteil dieser Konzeption stellt die Flexibilität dar. So lassen sich Fälle konstruieren, in denen ein Nukleus von unveränderlichen Tropen ohne einen Halo von veränderlichen Tropen vorliegt. Bei solchen Entitäten handelt es sich im Sinne von Leibniz um eine *M*onade, eine Entität ohne kontingente Eigenschaften. Im Gegenzug lassen sich auch Mengen von Tropen ohne einen Nukleus vorstellen. Dies bedeutet, dass allein durch den Zufall bestimmt wird, welche Tropen zusammen diese Entität bilden.

Aufgrund der beschriebenen Flexibilität wird in dieser Arbeit die Nukleustheorie herangezogen, um mit ihrer Hilfe die Ontologie der fundamentalen Arten von Elementarteilchen zu beschreiben.

6.5.4 Die Eigenschaften der Elementarteilchen als Tropen

Entsprechend der im letzten Abschnitt vorgestellten Interpretation stellen die Elementarteilchen wie Elektronen und Quarks jeweils Substanzen dar, die einen Nukleus unveränderlicher Tropen sowie einen Halo veränderlicher Tropen aufweisen. Der Nukleus dient dabei als Substrat der veränderlichen Eigenschaften. Auch wenn die in diesem

Tabelle 6.1: Die elementaren Fermionen des Standardmodells. Es werden jeweils Name, Äquivalenzklasse bezüglich der Äquivalenzrelation $\sim$, Masse, Ladung und Spin aufgeführt. Für jedes dieser 24 Teilchen existiert jeweils ein entsprechendes Anti-Teilchen. Jedes der 6 Quarks existiert mit 3 *F*arbladungen, die als *R*ot, *G*rün und *B*lau bezeichnet werden.

Teilchen	Klasse hinsichtlich $\sim$	Masse (mc^2)	Ladung	Spin
$u - Quark$	$P_1 - P_3$	$6\ MeV$	2/3	1/2
$c - Quark$	$P_4 - P_6$	$1,5\ GeV$	2/3	1/2
$t - Quark$	$P_7 - P_9$	$174\ GeV$	2/3	1/2
$d - Quark$	$P_{10} - P_{12}$	$10\ MeV$	-1/3	1/2
$s - Quark$	$P_{13} - P_{15}$	$150\ MeV$	-1/3	1/2
$b - Quark$	$P_{16} - P_{18}$	$4,2\ GeV$	-1/3	1/2
e^-	P_{19}	$0,511\ MeV$	-1	1/2
μ	P_{20}	$105,7\ MeV$	-1	1/2
τ^-	P_{21}	$1.777\ MeV$	-1	1/2
ν_e	P_{22}	$< 2,2\ eV$	0	1/2
ν_μ	P_{23}	$< 0,17\ MeV$	0	1/2
ν_τ	P_{24}	$< 18\ MeV$	0	1/2

Kapitel vorgestellt tropenontologische Beschreibung der Elementarteilchen eine grundlegende Abkehr von der Konzeption des Aristoteles, wie sie insbesondere in den *K*ategorien formuliert wurde,[15] darstellt, erinnert sie aufgrund des Vorliegens eines Substrates dennoch ein wenig an die Aristotelische Beschreibung.

Vor diesem Hintergrund sind wir nun in der Lage die bekannten Elementarteilchen konkret zu charakterisieren. Zu Beginn sei an die Tabelle zu Beginn dieser Arbeit erinnert, in der alle derzeit bekannten Fermionen aufgeführt werden.[16] Entsprechend der im letzten

[15] Siehe Abschnitt 6.4.2.

[16] Siehe Tabelle 6.1.

Abschnitt beschriebenen Tropenontologie können nun die Eigenschaften der einzelnen Elementarteilchen beschrieben werden, wobei diese danach unterteilt werden, ob sie zum Nukleus oder zum Halo des entsprechenden Teilchens gehören.

Quarks

Beginnen wir mit den Quarks. In Abschnitt 6.2.2 wurde beschrieben, dass die Baryonzahl eine streng erhaltene Größe darstellt. Somit sind zwar Umwandlungen der Quarks ineinander möglich, nicht jedoch z.B. Umwandlungen von Quarks in Elektronen oder Neutrinos.

1. Die Baryonzahl B (1/3) stellt eine streng erhaltene Größe dar, sie gehört somit zum Nukleus.

2. Das gleiche gilt für den Spin S (1/2).

3. Bei der Umwandlung eines Quarks in ein anderes Quark ändert sich der Flavour. Somit gehört die Trope Flavour zum Halo des Quarks.

4. Je nach Wert des Flavours ändert sich die Masse m des Quarks. Somit gehört auch die Trope Masse zum Halo des Quarks.

5. Das Gleiche gilt für die elektrische Ladung q. Auch diese ändert sich bei der Umwandlung eines Quarks in ein Quark mit einem anderen Flavour.

6. Die Farbladung eines Quarks stellt ebenfalls keine streng erhaltene Größe dar, sie gehört somit zum Halo.

7. Der Ort x eines Quarks ändert sich natürlich mit der Zeit, er stellt daher eine veränderliche Trope dar.

Schematisch wird dies in Abbildung 6.1 dargestellt.

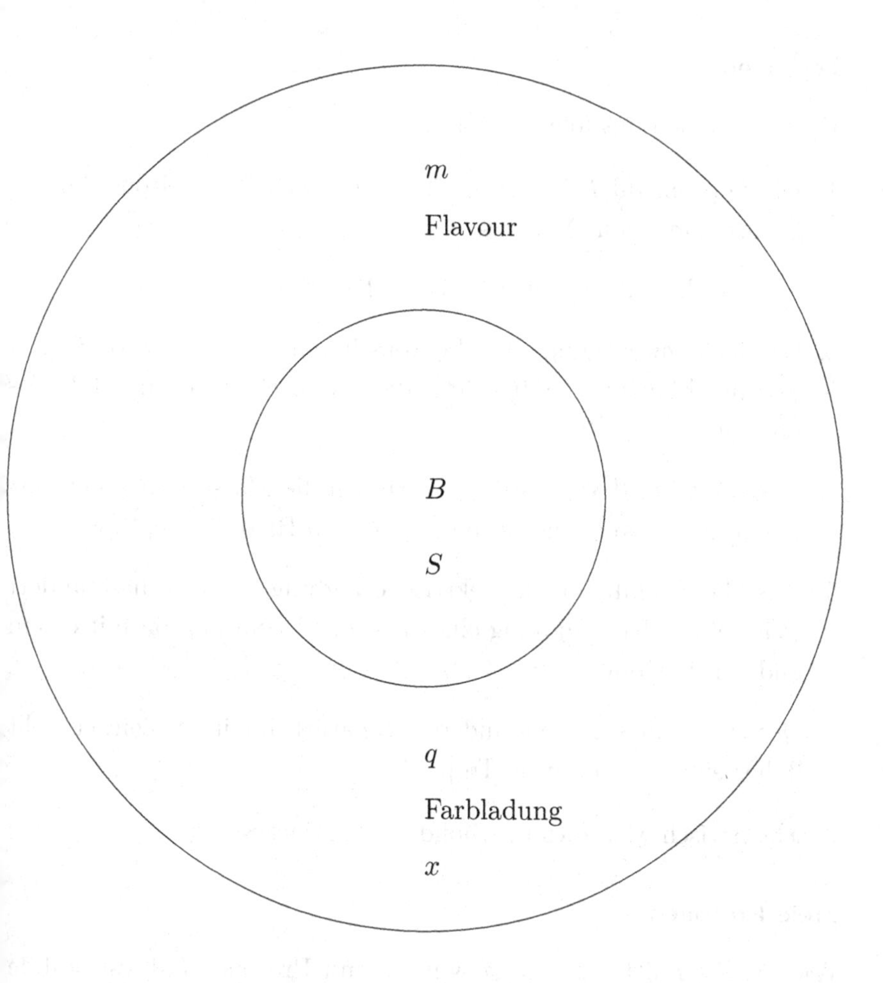

Abbildung 6.1: Einteilung der Tropen der Quarks in *u*nveränderliche Tropen (Nukleus) und *v*eränderliche Tropen (Halo).

Leptonen

Hier ergibt sich das folgende Bild:

1. Die Leptonzahl L (1) stellt eine streng erhaltene Größe dar, sie gehört somit zum Nukleus.
2. Das gleiche gilt für den Spin S (1/2).
3. Bei der Umwandlung eines Leptons in ein anderes Lepton ändert sich der Flavour. Somit gehört die Trope *F*lavour zum Halo des Leptons.
4. Je nach Wert des Flavours ändert sich die Masse m des Leptons. Somit gehört auch die Trope *M*asse zum Halo des Leptons.
5. Das Gleiche gilt für die elektrische Ladung q. Auch diese ändert sich bei der Umwandlung eines Leptons in ein Lepton mit einem anderen Flavour.
6. Der Ort x eines Leptons ändert sich natürlich mit der Zeit, er stellt daher eine veränderliche Trope dar.

Schematisch wird dies in Abbildung 6.2 dargestellt.

Freie Protonen

Wie in Abschnitt 6.2 gezeigt wurde, sind Protonen äußerst stabile Teilchen. Nach derzeitigem Stand der Forschung nimmt man eine Lebenszeit von mindestens 10^{32} Jahren an.

Hier ergibt sich das folgende Bild:

1. Die Baryonzahl B (1) stellt eine streng erhaltene Größe dar, die entsprechende Trope gehört somit zum Nukleus.
2. Die Masse des freien, ungebundenen Protons m ($1.836,15\ m_e$) ändert sich nicht. Die Trope *M*asse des Protons gehört zum Nukleus.

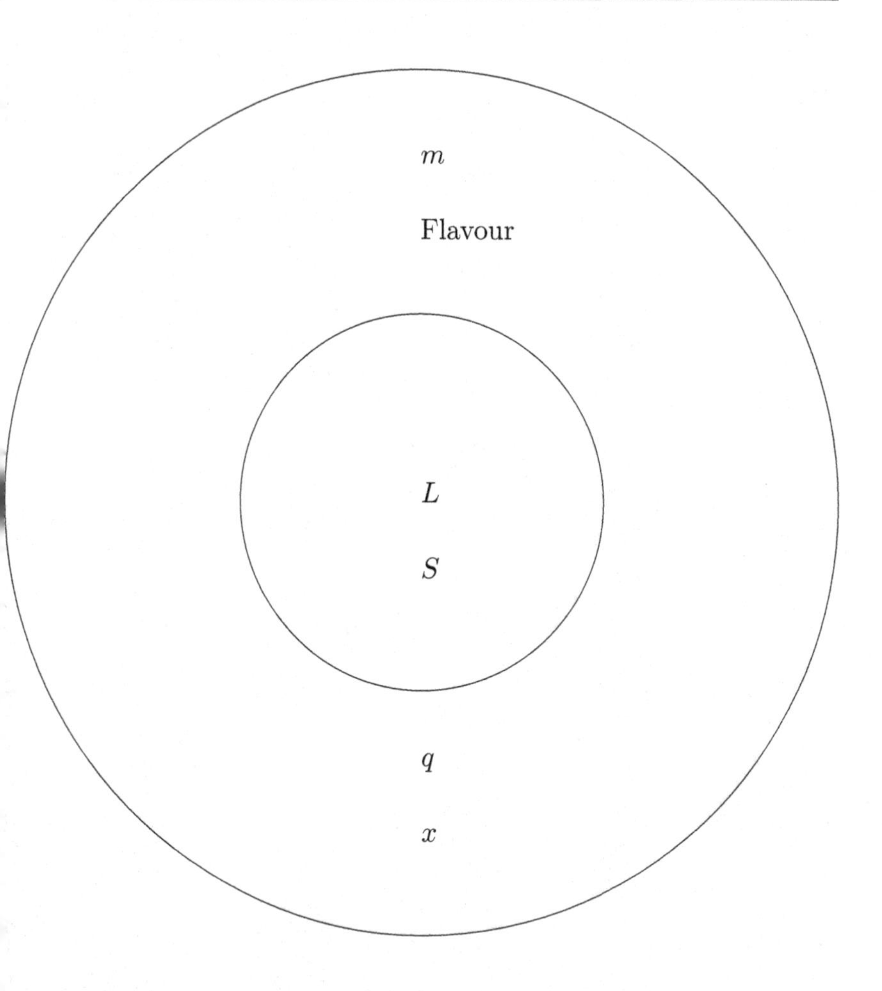

Abbildung 6.2: Einteilung der Tropen der Leptonen in *u*nveränderliche Tropen (Nukleus) und *v*eränderliche Tropen (Halo).

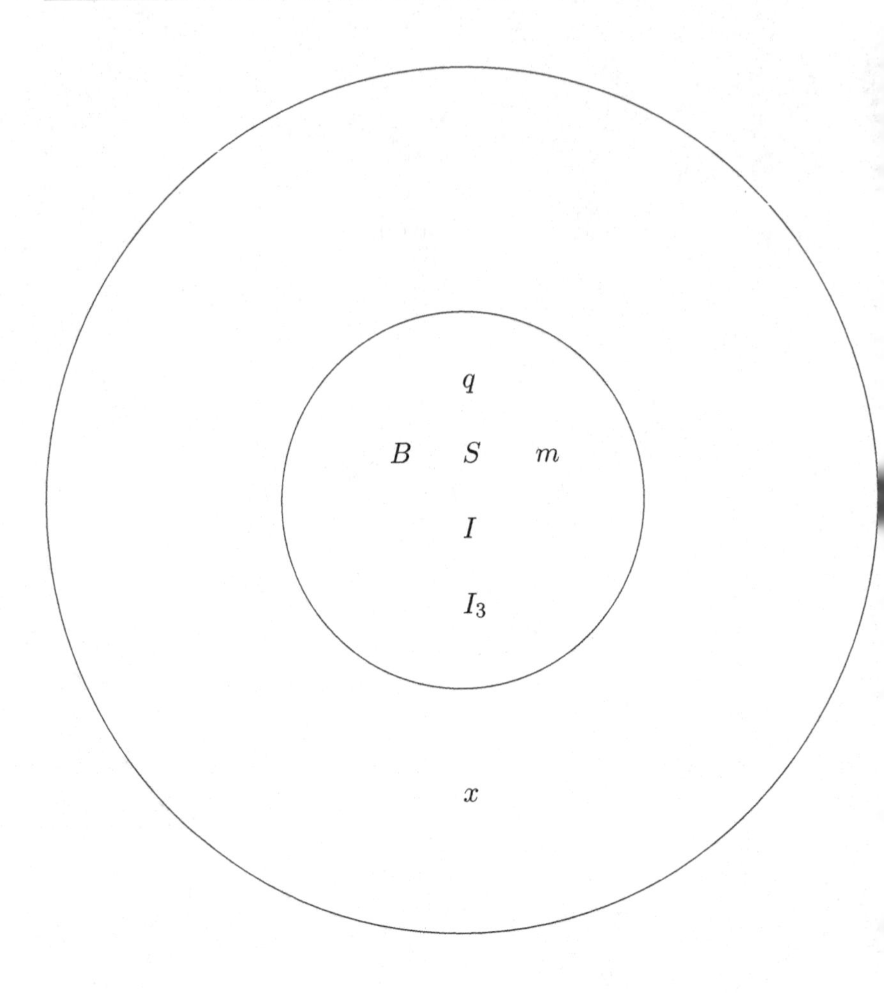

Abbildung 6.3: Einteilung der Tropen der freien Protonen in *u*nveränderliche Tropen (Nukleus) und *v*eränderliche Tropen (Halo).

3. Das Gleiche gilt für die elektrische Ladung q (+1).

4. Das Gleiche gilt für den Spin S (1/2) sowie den Isospin S (1/2).

5. Die Komponente I_3 des Isospins stellt für ein freies Proton eine Erhaltungsgröße dar.

6. Der Ort x eines Protons ändert sich natürlich mit der Zeit, er stellt daher eine veränderliche Trope dar.

Schematisch wird dies in Abbildung 6.3 dargestellt.

Gebundene Nukleonen

Mit der Bezeichnung essentielle Trope wird lediglich ausgesagt, dass diese Eigenschaft physikalisch gesehen eine Erhaltungsgröße darstellt und sich somit nicht ändern kann. Wichtig ist hierbei die Feststellung, dass dabei keine Aussage darüber getroffen wird, in welcher Weise die Eigenschaften eines Baryons aus den Eigenschaften der dieses Baryon konstituierenden Quarks hervorgehen. Während z.B. die Masse m für die Quarks eine veränderliche Trope darstellt, stellt die Masse eines Baryons, die sich unter anderem auch aus der Masse der konstituierenden Quarks zusammensetzt, eine unveränderliche Trope dar.

Wie in Abschnitt 6.2 gezeigt wurde, finden bei gebundenen Zuständen ständig Umwandlungen von Neutronen in Protonen und umgekehrt statt. Dies beinhaltet eine Änderung der Komponente I_3 des Isospins sowie eine Änderung der Masse. Während außer dem Ort im Fall eines freien Protons alle Eigenschaften unveränderliche Tropen sind, da sie Erhaltungsgrößen darstellen, können sich einige dieser Eigenschaften bei gebundenen Protonen durchaus ändern. Daher stellt z.B. die Masse in diesem Fall im Gegensatz zum Fall eines freien Protons eine veränderliche Trope dar.

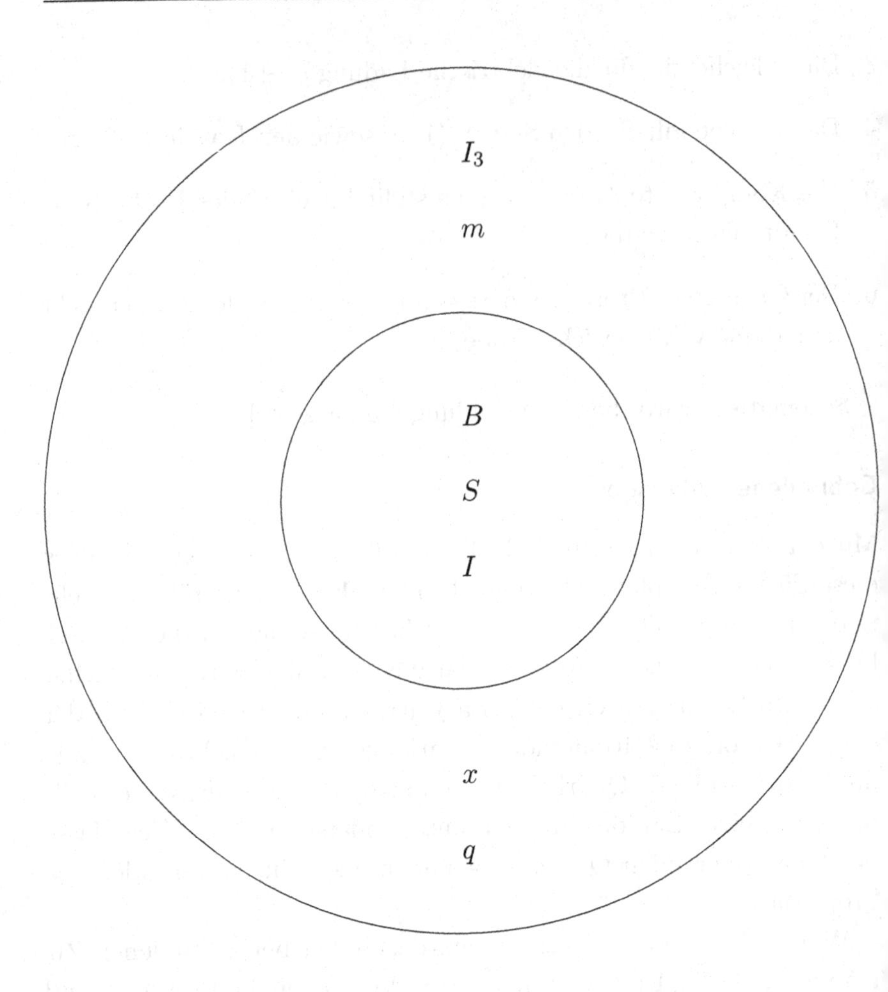

Abbildung 6.4: Einteilung der Tropen der gebundenen Nukleonen in *u*nveränderliche Tropen (Nukleus) und *v*eränderliche Tropen (Halo).

Hier ergibt sich somit das folgende Bild, schematisch dargestellt in Abbildung 6.4:

1. Die Baryonzahl B mit dem Wert 1 stellt eine streng erhaltene Größe dar, die entsprechende Trope gehört somit zum Nukleus.

2. Die Masse des Nukleons m ändert sich bei Umwandlungen von Neutronen in Protonen und umgekehrt. Die Trope *M*asse des Protons gehört zum Halo.

3. Das Gleiche gilt für die elektrische Ladung q.

4. Die Werte für den Spin S 1/2 sowie den Isospin 1/2 ändern sich nicht.

5. Die Komponente I_3 des Isospins stellt für ein gebundenes Nukleon keine Erhaltungsgröße dar.

6. Der Ort x eines Nukleons ändert sich natürlich mit der Zeit, er stellt daher eine veränderliche Trope dar.

Die ontologische Charakterisierung der gebundenen Nukleonen weicht deutlich von der der freien Nukleonen ab. Dieser Umstand leitet sich aus der Tatsache ab, dass sich im Fall der gebundenen Nukleonen Eigenschaften ändern, die für freie Nukleonen Erhaltungsgrößen darstellen.

Auch im Falle des Quarks müsste in der hier beschriebenen Zuordnung von Tropen grundsätzlich der Fall eines freien Quarks von dem Fall eines gebundenen Quarks unterschieden werden. Da aufgrund des *C*onfinement[17] jedoch prinzipiell die Existenz einzelner, freier Quarks ausgeschlossen wird, handelt es sich im Fall der Quarks um eine rein theoretische Unterscheidung. Im Fall der Nukleonen ist diese Unterscheidung jedoch erforderlich, da in Experimenten wie dem

[17]Siehe hierzu die Ausführungen in Abschnitt 2.6.7.

in Kamiokande[18] durchgeführten freie Protonen beobachtet werden können.

Zusammenfassend lässt sich festhalten, dass die vorgestellte Charakterisierung verschiedener Arten von Elementarteilchen wie auch von zusammengesetzten Teilchen es jeweils erlaubt, jeweils charakteristische Eigenschaften gut zu beleuchten. Dies wird insbesondere an der Gegenüberstellung von freien und gebundenen Nukleonen deutlich.

[18]Siehe hierzu die Ausführungen in Abschnitt 6.2.3.

7 Zusammenfassung

Gegenstand dieser Untersuchung ist das Standardmodell der Elementarteilchenphysik SMEP. Dabei wird versucht zu zeigen, wie eine strukturalistische Rekonstruktion dieser Theorie formuliert werden kann. Ausgehend davon wird dann beschrieben, wie eine ontologische Charakterisierung der Elementarteilchen, aus denen sich nach Aussage von SMEP jede Materie zusammensetzt, aussehen könnte.

Abschließend werden an dieser Stelle die wesentlichen Ergebnisse dieser Untersuchung nochmals zusammengefasst.

7.1 Strukturalistische Rekonstruktion

In Kapitel 2 werden die zentralen Elemente von SMEP erläutert. In SMEP wird gezeigt, dass sich die Materie auf eine kleine Anzahl von elementaren Bausteinen zurückführen lässt, auf 6 Arten von Leptonen und 6 Arten von Quarks. Jedes Quark existiert in drei verschiedenen Farben, zu jeder Art von Teilchen existiert eine entsprechende Art von Antiteilchen. Somit gibt es 24 Arten von Elementarteilchen und 24 Arten von entsprechenden Antiteilchen.

Jedes Stück Materie setzt sich aus den Elementarteilchen bzw. den aus ihnen gebildeten Nukleonen zusammen. Zwischen den Teilchen bestehen 3 Arten von Wechselwirkungen. Jede empirisch nachweisbare Wechselwirkung lässt sich auf eine dieser 3 elementaren Wechselwirkungen zurückführen. Unter den Elementarteilchen nehmen die Quarks eine herausgehobene Stellung ein, da die Protonen und Neutronen aus ihnen gebildet werden.

Die Klassifizierung der Elementarteilchen ähnelt in manchen Aspekten der Klassifizierung der Elemente im Periodensystem. Bei genauerer Betrachtung werden durchaus Umwandlungen der verschiedenen Arten von Elementarteilchen ineinander beobachtet. Aus diesem Grund existieren in einer strengen ontologischen Interpretation lediglich 4 Arten von Elementarteilchen.

In Kapitel 3 werden die wesentlichen Aspekte und Elemente einer strukturalistischen Rekonstruktion erläutert. Zentrum einer solchen Rekonstruktion ist das Tupel Theorieelement, welches sich aus dem Tupel Theoriekern und der Menge der intendierten Anwendungen zusammensetzt. Ziel ist es dabei, für eine gegebene Theorie die Mengen zu bestimmen, aus denen der Theoriekern besteht, sowie die Menge der intendierten Anwendungen.

Theorienetze und Holons stellen unterschiedliche Arten dar, verschiedene Theorien zu komplexeren Einheiten zusammenzufassen.

Einen wesentlichen Aspekt der strukturalistischen Rekonstruktion stellt die charakteristische Konzeption der Theoretizität dar. Da dieser Aspekt auch für die Rekonstruktion von SEMP wichtig ist, erfolgt in Kapitel 4 eine eingehende Untersuchung der verschiedenen Konzeptionen der Theoretizität im vergangenen Jahrhundert.

Im Gegensatz zu vielen vorhergehenden Ansätzen ist ein Term wie z.B. Masse in der strukturalistischen Interpretation keineswegs global für alle Theorien theoretisch oder nicht-theoretisch. Vielmehr wird diese Unterscheidung jeweils in Hinblick auf die untersuchte Theorie getroffen. Wie in diesem Kapitel gezeigt wird, ist die Unterteilung der Terme hinsichtlich einer gegebenen Theorie in theoretische und nicht-theoretische Terme epistemisch neutral und darf daher in keinem Fall mit der globalen Unterscheidung im Rahmen der Zweistufenkonzeption gleichgesetzt werden.

In Kapitel 5 erfolgt die eigentliche Rekonstruktion von SMEP. Wie dabei deutlich wird, lassen sich unter Verwendung des Prädikates

EPO potenzielle und aktuelle Modelle übersichtlich formulieren. Aus der Berücksichtigung der strengen ontologischen Interpretation der Elementarteilchen, welche eine Konsequenz der möglichen Umwandlung verschiedener Arten von Elementarteilchen ineinander darstellt, resultiert eine modifizierte Form der potenziellen und aktuellen Modelle.

Die Constraints entsprechen im Fall von SMEP Erhaltungssätzen der Summen von Quarkzahlen, Baryonzahlen und Leptonzahlen. Die Beantwortung der Frage nach der Existenz von theoretischen Termen erfordert eine eingehende Untersuchung. Wie in diesem Kapitel gezeigt wird, sind dabei die Theoriehierarchien von zentraler Bedeutung. Auch wenn sich ein bestimmter Term in Bezug auf die vorliegende Theorie T_1 als T-theoretisch erweist, so gilt dies in der Regel nicht für eine Theorie T_2, die die Gültigkeit der Theorie T_1 zwingend voraussetzt. Ein in einer Vorgängertheorie theoretischer Term ist somit in einer daraus abgeleiteten Theorie nicht-theoretisch. Da SMEP die Gültigkeit einer Vielzahl von Theorien voraussetzt, in denen alle für SMEP relevanten Entitäten, Wechselwirkungen und Messgrößen beschrieben werden, gibt es keine in Hinsicht auf SMEP theoretischen Terme. Dieser Umstand, der auch im Rahmen der bisher durchgeführten Rekonstruktionen nahezu singulär ist, gefährdet jedoch nicht den Status einer Theorie von SMEP .

Wie in diesem Kapitel insgesamt deutlich wird, lässt sich mit dem strukturalistischen Formalismus eine überzeugende Rekonstruktion von SMEP durchführen. Die wesentlichen Elemente der physikalischen Beschreibung werden dabei angemessen dargestellt.

7.2 Ontologie der Elementarteilchen

In Kapitel 6 wird schließlich ein Versuch formuliert, die ontologischen Eigenschaften der Elementarteilchen mit den Werkzeugen der Tropentheorie zu beschreiben. Bei der Analyse der Elementarteilchen zeigen sich insbesondere als Konsequenz der Quantenmechanik charakteristische Eigenheiten, die eine Beschreibung im Rahmen einer klassischen Ontologie nahezu aussichtslos erscheinen lassen. Jede ontologische Analyse muss dabei berücksichtigen, dass die Elementarteilchen mitunter eine sehr hohe mittlere Lebensdauer aufweisen, sich aber zugleich unter bestimmten Umständen ständig ineinander umwandeln können.

Die Tropentheorie stellt insofern einen geeigneten Ansatz für die ontologische Analyse der Elementarteilchen dar, da von diesen Teilchen zumindest messbare Eigenschaften wie Ladung und Masse eindeutig ausgesagt werden können. Die Tropentheorie setzt ihrerseits an Instanziierungen von Eigenschaften wie Ladung an. In der in dieser Arbeit vorrangig berücksichtigten Nukleustheorie wird die Rolle des Substrates, die in der klassischen Substanz-Akzidenz-Konzeption notwendig vorausgesetzt wird, von der Menge der unveränderlichen Eigenschaften übernommen.

Zieht man in dieser Weise die Nukleustheorie für die Beschreibung heran, so lassen sich sowohl freie Protonen, bei denen sich nur der Ort verändern kann, als auch die Quarks, bei denen lediglich die Quarkzahl und der Spin unveränderlich sind, adäquat darstellen.

Insofern stellt die in dieser Arbeit beschriebene strukturalistische Rekonstruktion im Rahmen der weiteren Forschung nicht nur einen ersten Schritt zur mengentheoretischen, formalen Analyse von SMEP dar, sondern zugleich einen Ausgangspunkt für eine adäquate ontologische Beschreibung der Elementarteilchen.

Literaturverzeichnis

[Achinstein 1968] Achinstein P., *Concepts of Science*, Baltymore 1968.

[Aitchison 2007] Aitchison I. J., *Supersymmetry in Particle Physics - an Elementary Introduction*, Cambridge 2007.

[Allday 1999] Allday J., *Quarks, Leptons and the Big Bang*, Bristol, Philadelphia 1999.

[Alparslan 2006] Alparslan A., *Strukturalistische Prinzipal-Agent-Theorie. Eine Reformulierung der Hidden-Action-Modelle aus der Perspektive des Strukturalismus.*, Wiesbaden 2006.

[Andreas 2007] Andreas H., *Carnaps Wissenschaftslogik*, Paderborn 2007.

[Appenzeller 1990] Appenzeller J., *Kosmologie und Teilchenphysik*, Heidelberg 1990.

[Aristoteles 1980] Aristoteles, *Metaphysik*, in der Übersetzung von Hermann Bonnitz, neu bearbeitet, mit Einleitung und Kommentar versehen von Horst Seidel, Griechischer Text in der Edition von Wilhelm Christ, Halbbd. 2, Bücher VII (Z) - XIV (N), Hamburg 1980.

[Aristoteles 1998] Aristoteles, *Organon*, Herausgegeben, übersetzt, mit Einleitungen und Anmerkungen versehen von Hans Günter Zekl, Band 2, Hamburg 1998.

[Balzer et al. 1982] Balzer W., Mühlhölzer F., Klassische Stoßmechanik, *Zeitschrift für allgemeine Wissenschaftstheorie*, (**13**) (1982), 22-39.

[Balzer et al. 1987] Balzer W., Moulines C. U., Sneed J. D., *An Architectonic for Science*, Dordrecht 1987.

[Balzer 1985a] Balzer W., *Theorie und Messung*, Berlin 1985.

[Balzer 1985b] Balzer W., On a New Definition of Theoreticity, *Dialectica* **39** 81985), 127-145.

[Balzer et al. 1996] Balzer W., Moulines C. U. (Hrsg.), *Structuralist theory of science: focal issues, new results*, Berlin 1996.

[Balzer et al. 2000] Balzer W., Moulines C. U., Sneed J. D. (Hrsg.), *Structuralist knowledge representation. Paradigmatic examples*, Amsterdam 2000.

[Bartels et al. 2007] Bartels A., Stöckler M. (Hrsg.), *Wissenschaftstheorie*, Paderborn 2007.

[Barger et al. 1997] Barger V., Phillips R., *Collider Physics*, Reading, MA 1997.

[Bartelborth 1988] Bartelborth T., *Eine logische Rekonstruktion der klassischen Elektrodynamik*, Frankfurt/Main 1988.

[Bartelborth 1993] Bartelborth T., Hierarchy versus Holism. A Structuralist View on General Relativity, *Erkenntnis* **39** (1993), 383-412.

[Berger 2006] Barger C., *Elementarteilchenphysik*, Berlin - Heidelberg - New York ^{2}2006.

[Bethge et al. 1991] Bethge K., Schröder U. E., *Elementarteilchen und ihre Wechselwirkungen*, Darmstadt ^{2}1991.

[Bleck-Neuhaus 2010] Bleck-Neuhaus J., *Elementare Teilchen. Moderne Physik von den Atomen bis zum Standard-Modell*, Berlin-Heidelberg 2010.

[Bonilla 2003] Bonilla J. P. Z., Meaning and testability in the structuralist thory of science, *Erkenntnis* **59** (2003), 47-76.

[Bridgman 1927] Bridgman P. W., *The Logic of modern Physics*, New York 1927.

[Brown et al. 1997] Brown L. M., Dresden M., Riordan M., Hoddeson L., *The rise of the standard model: A history of particle physics from 1964 to 1979*, Cambridge 1997.

[Brückner 1999] Brückner T., *Die Symmetrie der Naturgesetze - Philosophische Untersuchungen zur modernen Physik*, Dissertation, RWTH Aachen, 1999.

[Brückner 2008] Brückner T. C., Rezension zu [Stöltzner et al. 2006], *Philosophischer Literaturanzeiger* **61** (3) (2008), 241 - 249.

[Brückner 2008] Brückner T. C., A structuralist reconstruction of the theory of elementary particles, *Erkenntnis* **68** (2008), 169-186.

[Brückner 2010] Brückner T. C., *Operationalismus*, in: [Sandkühler 2010].

[Carnap 1936] Carnap R., *Testability and Meaning*, *Philosophy of Science*, **3** (1936).

[Carnap 1998] Carnap R., *Der logische Aufbau der Welt*, Hamburg 1998.

[Cartwright 1983] Cartwright N., *How the laws of physics lie*, New York-Oxford 1983.

[Close 1979] Close F., *An introduction to quarks and partons*, New York 1979.

[Close et al. 1989] Close F., Marten M., Sutton C. (1989), *Spurensuche im Teilchenzoo*, Heidelberg 1989.

[Cottingham et al. 1998] Cottingham W. N., Greenwood D. A., *An Introduction to the Standard Model of Particle Physics*, Cambridge 1998.

[Diederich et al. 1989] Diederich W., Ibarra A., Mormann T., Bibliography of Structuralism, *Erkenntnis* **30** (1989), 387-407.

[Diederich et al. 1994] Diederich W., Ibarra A., Mormann T., Bibliography of Structuralism, *Erkenntnis* **41** (1994), 403-418.

[Duhem 1906] Duhem P., *Ziel und Struktur der physikalischen Theorien*, Hamburg 1978.

[Falkenburg 1994] Falkenburg B. (1994), *Teilchenmetaphysik, zur Realitätsauffassung in Wissenschaftsphilosophie und Mikrophysik*, Mannheim 1994.

[Falkenburg 2001] Falkenburg B. (Hrsg.), *Erhard Scheibe. Between Rationalism and Empiricism: Selected Papers in the Philosophy of Physics*, New York-Berlin-Heidelberg 2001.

[Forge 2002] Forge J., Reflections on structuralism and scientific explanation, *Synthese* **130** (1) (2002), 109-121.

[Frank 1929] Frank P., *welche Bedeutung haben die gegenwärtigen physikalischen Theorien für die allgemeine Erkenntnislehre ?*, in: [Stöltzner et al. 2006].

[Feyerabend 1960] Feyerabend P. K., *das Problem der Existenz theretischer Entitäten*, in: *Probleme der Wissenschaftstheorie, Festschrift für Victor Kraft*, Wien 1960.

[Gähde 1983] Gähde U., *T*-Theoretizität und Holismus, Frankfurt /Main 1983.

[Gähde 2002] Gähde U., Holism, Underdetermination, and the Dynamics of Empirical Theories, *S*ynthese **130**(1) (2002), 69-90.

[Gähde 2007] Gähde U., Modelle der Struktur und Dynamik wissenschaftlicher Theorien, in: [Bartels et al. 2007].

[Haller 1993] Haller R., *N*eopositivismus. Eine historische Einführung in die Philosophie des Wiener Kreises, Darmstadt 1993.

[Halzen et al. 1984] Halzen F., Martin A., *Q*uarks & Leptons: An Introductory Course in Modern Particle Physics, New York 1984.

[Hanson 1958] Hanson N. R., *P*atterns of Discovery, Cambridge 1958.

[Heisenberg 1932] Heisenberg W., Über den Bau der Atomkerne. I., *Z*eitschrift für Physik **77** (1932), 1-11.

[Hempel 1948] Hempel C. G., Oppenheim P. *S*tudies in the Logic of Explanation, in *T*heories of Explanation, hg. von J. C. Pitt, New York 1988, 9-46.

[Hettema et al. 1988] Hettema H., Kuipers T., The periodic Table: Its Formalization, Status and Relation to Atomic Thory. In: [Balzer et al. 2000].

[Higgs 1964] Higgs P. W., Broken symmetries and Massless Particles, *P*hys. Rev. Letter **12** (1964), 714.

[Hintikka et al. 1981] Hintikka J., Gruender D., Agazzi E. (Hrsg.), *P*robabilistic Thinking, Thermodynamics, and the Interaction of the History and the Philosophy of Science, Dordrecht 1981.

[Hofmann et al. 1996] Hofmann, V. Ninov, F. P. Heßberger, P. Armbruster, H. Folger, G. Münzenberg, H. J. Schött, A. G. Popeko, A. V. Yeremin, S. Saro, R. Janik, M. Leino, The new element 112, *Z.* Phys. A **3**54 (1996), S. 229 - 230.

[Husserl 1970] Husserl E., *L*ogical Investigations, London 1970.

[Kamlah 1076] Kamlah A., An improved Definition of 'theoretical in a given Theory', *E*rkenntnis, **1**0 (1976), 349 - 359.

[Kane 1993] Kane G. L., *M*odern Elementary Particle Physics, Reading, MA 1993.

[Kim 1991] Kim B.-H., *K*ritik des Strukturalismus, Amsterdam - Atlanta, 1991.

[Klein 1995] Klein B., *D*ie strukturalistische Theorienkonzeption in der Psychologie, Diplomarbeit, Universität des Saarlandes, 1995.

[Kühne 1999] Kühne U., *W*issenschaftstheorie, in: [Sandkühler 1999]

[Kuhn 1976] Kuhn T.S., *D*ie Struktur wissenschaftlicher Revolutionen, Frankfurt/Main ^{2}1976.

[Lakatos 1970] Lakatos I., *F*alsification and the Methodology of Scientific Research Programmes, in: [Lakatos et al. 1970].

[Lakatos et al. 1970] Lakatos I., Musgrave A. (Hrsg.), *C*riticism an the Growth of Knowledge, Cambridge 1970.

[Latscha et al. 2011] Latscha H. P., Klein H. A., Mutz M., *A*llgemeine Chemie, Chemie Basiswissen I, Berlin ^{10}2011.

[Lohrmann 1990] Lohrmann E., *E*inführung in die Elementarteilchenphysik, Stuttgart ^{2}1990.

[Lohrmann 2001] Lohrmann E., Der Traum von der Weltformel, *P*hysik in unserer Zeit, **32**, 4 (2001), 158-163.

[Lorenzano 1995] Lorenzano P., *G*eschichte und Struktur der klassischen Genetik., Frankfurt/Main 1995.

[Ludwig 1970] Ludwig G., *D*eutung des Begriffs „physikalische Theorie“und axiomatische Grundlegung der Hilbertraumstruktur der Quantenmechanik durch Hauptsätze des Messens, Lecture Notes in Physics 4, Berlin 1970.

[Ludwig 1985] Ludwig G., *A*n Axiomatic Basis for Quantum Mechanics, Vol. 1, Derivation of Hilbert Space Structure, Berlin 1985.

[Ludwig 1987] Ludwig G., *A*n Axiomatic Basis for Quantum Mechanics, Vol. 2, Quantum Mechanics and Macrosystems, Berlin 1987.

[Manifest 1929] Verein Ernst Mach (Hrsg.), *W*issenschaftliche Weltauffassung. Der Wiener Kreis, in: [Stöltzner et al. 2006].

[Mattingly 2005] Mattingly J., The structure of scientific theory change - models versus privileged formulations, *P*hilosophy of Science **72**, (2005), 365-369.

[Moulines 1975] Moulines C. U., *Z*ur logischen Rekonstruktion der Thermodynamik, Dissertation, Universität München, 1975.

[Moulines 1975 a] Moulines C. U., A Logical Reconstruction of Simple Equilibrium Thermodynamics, *E*rkenntnis **9** (1975), 101-130.

[Moulines 1981] Moulines C. U., An Example of a Theory-Frame: Equilibrium Thermodynamics, in: [Hintikka et al. 1981].

[Moulines 1984] Moulines C. U., Links, Loops, and the Global Structure of Science, *P*hilosophia Naturalis **21** (1984), 254-65.

[Moulines 1986] Moulines C. U., The Basic Structure of Neo-Gibbsian Equilibrium Thermodynamics, *J*ournal of Non-Equilibrium Thermodynamics, **12** (1986), 61-76.

[Moulines 2002] Moulines C. U. (2002), Introduction: Structuralism as a program for modelling theoretical science, *S*ynthese **130** (1) (2002), 1-11.

[Moulines 2006] Moulines C. U., Ontology, reduction, emergence: A general frame, *E*rkenntnis, **151** (2006), 313-323.

[Moulines 2008] Moulines C. U., *D*ie Entwicklung der modernen Wissenschaftsthorie (1890 - 2000), Hamburg 2008.

[Nachtmann 1994] Nachtmann O., *E*lementarteilchenphysik. Phänomene und Konzepte, Braunschweig 1994.

[Nagel 1961] Nagel E., *T*he structure of Science, London-New York 1961.

[Nagel 1962] E. Nagel, P. Suppes, A. Tarski (Hrsg.), *L*ogic, Methodology and philosophy of science. Proceedings of the 1960 international congress., Stanford (California) 1962.

[Neurath 1979] Neurath O.; *W*issenschaftliche Weltauffassung, Sozialismus und Logischer Empirismus, Frankfurt/Main 1979.

[Perkins 2000] Perkins D. H., *I*ntroduction to high energy physics, Cambridge 2000.

[Putnam 1962] Putnam H., *W*hat theories are not, in: [Nagel 1962].

[Rapp 2005] Rapp C., *A*ristoteles und aristotelische Substanzen, in: [Trettin 2005], 145-169.

[Ridder 2002] Ridder L., *M*ereologie. Ein Beitrag zur Ontologie und Erkenntnistheorie, Frankfurt/Main 2002.

[Rotter 2000] Rotter M., *Eine logische Rekonstruktion der Quantenfeldtheorie*, Dissertation, Universität München, 2000.

[Sandkühler 1999] Sandkühler H. J. (Hrsg.), *Enzyklopädie Philosophie*, Hamburg 1999.

[Sandkühler 2010] Sandkühler H. J. (Hrsg.), *Enzyklopädie Philosophie*, Hamburg ^{2}2010.

[Scheibe 2001] Scheibe E., *A Comparison of Two Recent Views on Theories*, in: [Falkenburg 2001].

[Schurz 1987] Schurz G., Der neue Strukturalismus, *Conceptus* **21**, (52), (1987), 113-127.

[Schurz 1990] Schurz G., Paradoxical Consequences of Balzer's and Gähde's Criteria of Theoreticity. Results of an Application to Ten Scientific Theories, *Erkenntnis*, **32**, (1990), 161-214.

[Schurz 2006] Schurz G., *Einführung in die Wissenschaftstheorie*, Darmstadt 2006.

[Scerri 1997] Scerri E. R., Has the Periodic table Been Succesfully Axiomatized ?, *Erkenntnis* **47**, 229-243.

[Shapere 1974] Shapere D., Scientific Theories and their Domains, VII, in: [Suppe 1977].

[Simons 1994] Simons P., Particulars in Particular Clothing: Three Trope Theories of Substance, *Philosophy and Phenomenological Research*, **Vol.** LIV (3), (1994), 553 - 575.

[Simons 2000] Simons P., Identity through Time and Trope Bundles, *Topoi*, **19**, 2000.

[Sneed 1971] Sneed J. D., *The logical structure of Mathematical Physics*, Dordrecht 1971.

[Sneed 1976] Sneed J. D., Philosophical Problems in the Empirical Sciences of Science. A Formal Approach, *Erkenntnis* **10** (1976), 115-146.

[Stadler 1997] Stadler F., *Studien zum Wiener Kreis. Ursprung, Entwicklung und Wirkung des Logischen Empirismus im Kontext*, Frankfurt/Main 1997.

[Stegmüller 1970] Stegmüller W., *Probleme und Resultate der Wissenschaftstheorie und Analytischen Philosophie. Theorie und Erfahrung (Band II), Teilbd. 1*, Berlin-Heidelberg-New York 1970.

[Stegmüller 1973] Stegmüller W., *Logische Analyse der Struktur ausgereifter physikalischer Theorien. 'Non-statement View' von Theorien*, *Probleme und Resultate der Wissenschaftstheorie und Analytischen Philosophie*, Band II, Studienausgabe Teil D, Berlin-Heidelberg-New York 1973.

[Stegmüller 1979] Stegmüller W., *The Structuralist View of Theories*, Berlin - Heidelberg - New York 1979.

[Stegmüller 1986] Stegmüller W., *Die Entwicklung des Strukturalismus seit 1973*, *Probleme und Resultate der Wissenschaftstheorie und Analytischen Philosophie*, Band II, Dritter Halbband, Berlin-Heidelberg-New York-Tokyo 1986.

[Stöltzner et al. 2006] Stöltzner M., Uebel T. (Hrsg.), *Wiener Kreis - Texte zur wissenschaftlichen Weltauffassung von Rudolf Carnap, Otto Neurath, Moritz Schlick, Philipp Frank, Hans Hahn, Karl Menger, Edgar Zilsel und Gustav Bergmann*, Hamburg 2006.

[Suppe 1972] Suppe F., What's Wrong with the received view on the Structure of Scientific Theories ?, *Philosophy of Science* **39** (1972), 1 - 19.

[Suppe 1977] Suppe F. (Hrsg.), *The Structure of Scientific Theories*, Urbana/Chicago 1977.

[Thaller 1992] Thaller B., *The Dirac Equation*, Texts and Monographs in Physics, Berlin 1992.

[Trettin 2005] Trettin K. (Hrsg.), *Substanz - Neue Überlegungen zu einer klassischen Kategorie des Seienden*, Frankfurt/Main 2005.

[Tuomela 1973] Tuomela R., *Theoretical Concepts*, New York - Wien, 1973.

[Waismann 1930] Waismann F., Logische Analyse des Wahrscheinlichkeitsbegriffs, *Erkenntnis* **1** (1930/31), 228 - 248.

[Westermann 1987] Westermann R., *Strukturalistische Theorienkonzeption und empirische Forschung in der Psychologie. Eine Fallstudie.*, Berlin 1987.

[Zoglauer 1993] Zoglauer T., *Das Problem der theoretischen Terme. Eine Kritik an der strukturalistischen Wissenschaftstheorie*, Reihe *Wissenschaftstheorie, Wissenschaft und Philosophie* **39**, Braunschweig-Wiesbaden 1993.

Printed in the United States
By Bookmasters